百萬職業講師的
商業策略

知識變現必備的獲利模式與教學技巧

作者：孫治華

知識型自雇者的價值提升與商業模式地圖

社群 ←—— 講師 ——→ 企業

1 撰寫文章
定位自己

3-1　3-2　3-3

2 教學技巧

4-3　4-4　4-5　4-6

3 企業內訓
課程模式

2-1　2-7　3-4　4-1　4-2

知識專業化

4 學員社群化
讀書會
Email 行銷

2-4　2-5　2-6

5 課程的
前中後行銷

1-2

6 書籍撰寫
訂閱制

2-2　後記

專業社群化　　　　　　營收穩定化

7 線上課程
自建網站

2-3　2-8

8 營收 100 萬
到營收 300 萬

1-4　2-1　2-2　2-3

9 講師職涯
未來規劃

1-1　1-3　1-4　3-5　後記

營收被動化　　　營收目標化　　　營收未來式

兩萬字份量！本書延伸學習雲端資料夾

本書特別邀請六位職業講師，分享他們的經驗談，放入本書的「延伸學習」雲端資料夾中，推薦大家延伸閱讀。

- （講師案例）Soking：關鍵字卡位到 Email 經營（3000 多字）

- （講師案例）小金魚：講師的寫作策略（2700 多字）

- （講師案例）林義雄：一位英文老師的營運思維（1500 多字）

- （講師案例）侯智薰：線上課程規劃（4300 多字）

- （講師案例）邱韜誠：講師該如何規劃 SEO 策略（3500 多字）

- （講師案例）許涵婷：在轉型過程中，踏上講師之路（4000 多字）

未來本書也會因應讀者需要，在延伸學習資料夾中提供本書的延伸學習資訊。

延伸學習資料夾網址： https://bit.ly/coach2022

關於我的第一本書

作者：孫治華

這應該是一個較為出乎人意料的題目，因為大部分的人應該會覺得我出的第一本書會是在商業簡報這方面，不過隨著多年來自己在講師路上的經營與定位調整，真正讓我有動筆動力的是「教學」的本身。

而會想寫這本書的原因主要有兩個。

第一點，身為一位講師的社會責任，就是讓每家企業的員工可以更快速成長

在講師圈有一句老話我很喜歡「良師興國」，教育就是人類可掌握的進化，一家企業的員工最理想的狀況就是不用經過漫長的錯誤中學習，因為這些錯誤成本往往造成一家企業緩慢的成長，教育就是最短時間的演化，而我們身為職業講師就是要成為每家企業員工的基石，墊高一家企業員工最低水平以提升整體素質。

所以為什麼要寫這本書的理由是，我希望有價值的經驗可以更快速的在台灣的企業中散播出去，幫助職業講師成長，不

會因為講師缺乏教學技巧或是商業營運思維，而將這些有價值的經驗鎖在一個人。

第二點，之所以會寫這本書是因為我在 2020 年開始了一門公開班《陪伴式講師訓》

《陪伴式講師訓》是全台灣第一個以一年為單位規劃的講師訓，課程中我有三天的時間在提升學員的教學技巧與運課的心法，但是之後有五個月的時間是要讓他們連續開五場職業講師讀書會，並且在每個月都會有一場講師小聚來討論如何經營職業講師的產品與職涯規劃，實際的落地操作、面對市場，最後在年底時再幫自己開一場公開班，為年輕講師的淡季先帶來一筆穩定的營收。

在這樣的課程中，我已經花了三天的時間進行教學技巧的強化，但是始終都覺得還有更多經驗可以分享

所以這一本書最重要的原因，也就是我想更深入的分析教學技巧與運課心法，因為三天的教學技巧雖然已經學了很多，但是教學技巧也終究不是三天就可以講完的事情，所以這一本書最關鍵的寫作動力就是為了這群參與《陪伴式講師訓》的講師學員，所以這一本書算是我把我在課程中還沒說完的話，一次講盡的關鍵補充教材，算是給他們的一個交代。

　　畢竟講師最大的責任就是學員是否可以複製、甚至改造強化講師的經驗與成功，他們有聽過線下的課程，再看這一本書，我相信，他們肯定會是收穫與進展最大的一群人，我覺得我才盡到了作為一位講師的責任。

　　最後，很多人都說市面上已經有很多的教學技巧的書籍、甚至有很多單位引進了國際規格的教學手法課程，你再寫這本書有用嗎？我只是在想那台灣呢？有沒有台灣人自己重新架構的教學技巧課程呢？就讓我來試試看吧！

最後的感謝

　　這一本書是我在 2021 年疫情第二次爆發的時間中寫完的，很可惜的也就是在那一段時間中我對於家庭陪伴的時間也大量的減少了，所以這一本書可以撰寫完成，真的要感謝家人對我的包容，妻子阮菁翠在我忙碌寫書的時候把持好整個家，小孩孫彩雲、孫翊雲與孫振雲他們只要看到我走進了書房就會自己乖乖地過好自己的生活，真的是超過了同齡小孩的成熟，所以這一本書要是沒有他們的協助，也不會完成。

　　最後，也要跟我父親孫懷民與母親吳佩玲說聲抱歉，他們等我出書，從我沒小孩等到有了三個小孩之後，書才出來，真是不好意思，如今你們兒子的第一本書總算是出來了，也感謝你們多年來對我的栽培與包容。

不在黑暗裡開槍，也不再撞同樣的牆

推薦人：王永福（福哥）
《教學的技術》《上台的技術》等書作者，老師們的教學教練

經常有人問我：「怎樣才能成為一個成功的職業講師？」特別是在我寫了《教學的技術》，又拍了線上課程，成為許多老師們的教學教練後，類似的詢問就越來越多。先前我也曾經寫過：「邁向專業講師之前：您需要思考的五個問題」，透過提問的方式，來讓大家思考自己是不是適合？雖然職業講師這個行業似乎閃耀光芒，但職業舞台的高挑戰及高淘汰，也讓許多人不得其門而入，只能站在門外摸索。

在看了治華老師這本書後，我認為書裡的方法跟策略，會給有意成為職業講師的夥伴們，一些更清晰的策略思維，讓大家少走許多彎路，減少許多摸索的時間。

第一次見到治華老師是在 10 年前（2011），那時我是主講者，在演講結束後治華老師跟我聊聊，並分享他準備開始走向教學的路。後來看到他開始有許多高品質的文章產出，並且慢慢的釐清自己在職業講師教學上的定位，也就是募資及商業提案簡報，這是一個很重要，也很有策略的開始。有幾次我們在高鐵上巧遇，也會交換一下身為職業講師的挑戰及心得。

一路摸索攻頂的過程，也讓他更了解入門職業講師的辛苦，並開啟了分享講師策略思維的課程。

說到底，職業講師就像是一間一人公司，一個人要負責「產銷人發財」，也就是生產課程、行銷自己、跟人資及管顧合作、研發教具、再兼管財務，而因應疫情，還要同時熟悉實體及虛擬課程，簡直 18 般武藝都要精通。當然，頂尖的職業講師也能獲得許多光環，甚至一個人就能創造媲美一間公司的營收！但就像經營公司一般，在商業模式、營運策略、策略定位、以及實務操作，裡面有很多 Know-How。而這些核心的想法、知識、及策略思維，過去都沒有人教，都要透過不斷的摸索、不停的失敗，才學得來！

治華老師先前曾經在推薦我線上課程的文章中提到：「講師存在的使命，就是不要再讓學員在黑暗裡開槍，不要讓每一代的人都不斷的撞同樣的牆」，這句話也同樣的適用於治華老師這本書，相信書裡的內容，能提供大家許多的經驗及作法，以及更高的策略思維，讓有志挑戰或成為職業講師的你，能夠有一個開始及前進的方向，不會在黑暗裡開槍，也不再一直撞牆！

也希望有一天，在職業講師的講台上，能看到下一個新星，也就是你，發光發熱，教好更多學生，影響更多人！

我在這裡，等你！

職業講師的「孫子兵法」，熟讀後再上戰場

推薦人：于為暢
資深網路人 / 網路行銷講師

不管你身在哪個產業，或什麼職位，只要你的經歷累積到一定程度，你一定會有受邀演講的機會，但這時候，你只能算是「業師」（企「業」講「師」），意思是說你是為了公司，為了招商，為了好玩才站在台上分享，各產業都有數不清的「業師」，每天在大大小小的研討會上分享，他們的「專業知識」和「演說技巧」可能是 8：2 的比例，經驗豐富的話，可以將比例拉到 6：4，但也到極致了，演講不是他的主業，所以也無心鑽研如何改善，只要把份內工作做好，就能保住主業，偶爾插插花四處演講一下，酬勞拿去吃個大餐，爽爽花掉就好。

但「講師」就完全不一樣了！假設有天你辭掉工作，每月固定的薪水沒了，你就會開始另覓財源，如果這時有人請你去演講，你八成會答應，因為你需要賺錢，接下來，你就必須決定是否要繼續深耕這條路，踏上真正的「講師之路」。

想要在這條路上走得好，第一個心態就是「不能隨便」，不能把它當「副業」看待，然後不去嚴格檢視自己的水準，你必須很在乎自己的每一場表現。

你若有職業選手的心態，你就會有萬全的準備，而這種心態怎麼來？有些人是為了賺更多錢，但真正的一線講師，到了最後都是為了幫助更多人，後者的意義和感動將大過前者，當講師當然可以賺錢，但很多行業都可以賺錢，所以當講師的心態一定要有「可以幫助別人」，要成為一名偉大的講師，就算這不是你的起心動念，他也應該是你的最高原則。

我認識孫治華老師已久，在我仍是「業師」的時候，就去上過他的「簡球會」，後來我當講師之後，又再次報名他的職業講師課程，只為了精煉我自己的運課技巧。連我有如此豐富教學經驗的人，都可以再從治華兄身上偷學幾招，如果你是一個有心當講師的初學者，孫治華老師的課就是必修課。

我通常會鼓勵學生先行動、再邊做邊學習，不過當講師是個例外，因為你只有一次機會，沒有給你練習的空間，不管是內訓或公開班，學生都在看，他們花錢和時間不是來當白老鼠，所以會用最高標準來體驗，你一旦搞砸了，就會傳出去，後續就不會太順利。講師這個戰場很殘酷，要生存下來不容易，每一次都可能是最後一次。所以我會建議大家先看這本書，把心法和技法都熟記下來，找幾個好朋友練習看看，做足充分準備再上戰場。既然治華兄姓孫，就稱這本書為「孫子兵法」吧！

只要你懂策略，策略就會幫助你

推薦人：李柏鋒
台灣 ETF 投資學院創辦人

治華老師與我一起合作教授商周學院的《Google 圖表簡報術》公開班，再加上我也有參與治華老師的《陪伴式職業講師訓》，所以有機會可以推薦這本書，我可真的當仁不讓。

其實治華老師一直在持續進化，我想這本書出版後，可能治華老師又繼續往前跑了，不過沒關係，這本書已經可以幫助你快速拉近成為一位「職業講師」的距離。治華老師一開始是從企業內訓的簡報講師開始，但是後來不但持續的擴展自己的教課領域，連授課方式也是持續嘗試與研究，包括實體課程的公開班、線上訂閱制、線上錄播的課程，甚至在疫情大爆發之後，也拆解和分享了線上直播課的教學策略。

所以如果要說這本書哪裡寶貴，我會這樣說：「很難有職業講師能寫出這本書。」我想職業講師每個人都一定有自己的謀生本領，不然在講師這個殘酷的市場上絕對活不下來，但像是治華老師這樣對每一種變現管道都有深入研究，並且整理出一套有邏輯的策略，那可真的就很少見了。我很建議，大家在看這本書的時候，不要只看表面的資訊，事實上治華老師真正

的價值是讓你認識到：原來透過「策略」，做同樣的事情卻竟然可以事半功倍。

因為參與過《陪伴式職業講師訓》，所以更知道治華老師在這本書可說不只沒有藏私，更是規劃出一套更有系統的架構，來幫助讀者在講師之路上可以穩穩地往前走。所以接下來我要講的是第二個這本書的寶貴之處：治華老師分享了自己的商業模式規劃！

職業講師最關鍵的意識是要賺到足夠的收入，不然在這個市場上根本存活不了，治華老師在書中不只分享了年營收 100萬的時候你應該做的事、200 萬的時候你應該做的事、300 萬的時候你應該做的事。如果你是新手講師，面臨的是會餓死的壓力，企業內訓與公開班的市場該怎麼打開？該如何開價？怎麼增加回購率？隨著收入的增加，開始面臨會累死的困境，又該如何做到服務可以高價化、產品可以規模化？如此一來，才能讓自己過得有餘裕，不但收入更好，教學品質也更高。

但是，我也不建議你完全照抄治華老師的規劃，你應該要有能力把書中的規劃改成一個屬於自己更好的版本來，為什麼呢？首先，每個人都不一樣，所以照抄未必適合你。更重要的是，身為一位講師，你應該要很擅於給學員回饋，也就是學員給了你一個版本，你必須要能回覆一個更好的版本。

　　第三個這本書寶貴之處在於，它能幫你成為「一人公司」的創業型講師。治華老師的主力課程就是新創企業的募資簡報，所以對於創業與成長策略早已內化，而許多講師的書都提到了如何「當一位好講師」，這本書則以「如何在講師市場成功創業」為主軸，寫了很多其他培訓書籍沒有的商業認知和策略思維。

　　我認識很多講師其實都是好人，很乖、很樂於學習、對於道德操守有所堅持。別誤會，我無意說服大家放棄這些，但我想提醒大家的是，你可以乖而不必變壞，但是在創業的路上你要勇於嘗試並與眾不同，所以不要只想著要得到一個標準答案；你可以樂於學習，但是在行銷的路上你要真心對學員感到好奇並以他們的需求為中心去設計課程，所以不要自以為知識多珍貴，真正有價值的是能幫助學員的內容；你可以有自己的道德判斷，但是在教學的路上可不可以不要只想說教，而是自己以行動來示範，該怎麼做才能讓自己有更美好的未來。

　　為什麼我要提醒大家這些事情？是因為我看過很多好人講師，其實一直突破不了，最後無法在這一條競爭激烈的路上繼續走下去。而這些認知與心態上的調整，治華老師正在用自己的行動示範給你看，這也是為什麼我推薦這本書，你先閱讀完這本書，然後認識治華老師，最終讓自己有更美好的未來。

給你職業講師的關鍵決勝點

推薦人：張忘形
溝通表達培訓師

推薦這本書，絕對不只是我有在最後被孫治華老師提及。但我必須說身為一個職業培訓師，推薦治華老師這本新書的時候，我是五味雜陳的。

先說開心的是，我從這本書裡面得到了非常多新的洞見，那很可能不是學得到的，而是一個講師在生涯過程中，有意識地把每個問題都記錄下來，並透過分析，拆解，思考，最終得到的解法。

而更可怕的是，這個解法不是極端或單一情境的解，而是有許多的滿足條件，加上我覺得孫治華老師最精華的【關鍵決勝點】，讓你不再需要碰壁，能夠按圖索驥，馬上找到你能執行的行動。

舉例來說，我常常想要寫我的課程文案，但可能因為忙，可能因為沒有靈感，往往等到真的被逼出來的時候，課都已經要開了。但因為宣傳的力道可能不足，導致開班的效益不高。

　　然而在書中就有個超棒的解法，那就是階段性的行銷。這個就容我賣個關子，大家可以把書買回去照著執行。因為這不是一個點的行銷，而是由不同的時機，搭配不同時期的學員，都能夠幫你產出口碑的全面行銷。

　　因此在這本書中，我得到的不只是一個解法，而是全面的分析。

　　接著再說個生氣的事，如果我當時成為講師時，能夠先看過這本書，那麼我不知道能少走多少的冤枉路。大家都以為職業講師最重要的是教學，但其實你看完這本書後，你會發現教學固然是講師的基礎，但更重要的會是商業模式。

　　剛開始當講師的時候，只覺得我只要多講一點，努力一點就能夠賺多一點錢。但久而久之發現為什麼身邊跟我一起出來的講師，鐘點費比我高出不少，而且開始推出了不同的組合商品，例如線上的預錄課程，訂閱制等等。

　　當時我不以為意，但後來才發現自己錯得離譜，我一直以為講師就是商品本身，但其實講師應該像是營運長或執行長，不斷的思考自己有哪些商品，能夠在哪個通路販賣，能夠如何組合，打中不同的受眾。

　　而讓我生氣的就是，當我覺得自己終於摸到一點門道時，

這本書已經告訴你最完整的路徑了，如果你是破關破到最後一刻，才發現原來有一本這麼詳盡的攻略，你一定會跟我一樣生氣。

最後，來說個我的驚訝。其實這本書有很多是我覺得一般老師不會說的，例如我們如何在市場中找到定位，如何在企業和公開班中區隔，都是每個講師不傳而秘的經驗。

然而孫治華老師說的不只這些，例如你假設要開讀書會，該怎麼樣選書，怎麼打造能夠信任的個人品牌。最扯的是，如果你曾在企業授課，你就知道問卷會是你下次能不能再來上課的重點，而他連如何拿到滿分的問卷都能夠做拆解和精進，你說可不可怕？

因此這本書真的是讓我看的五味雜陳，開心的是我看完又有好多想法，生氣的是現在剛入行的人真的太幸福了，而驚訝的是老師怎麼會把這些眉角都說出來。

我想我是追不上他了，但看完這本書，你就知道我們不用追。因為這本書的存在，是為了讓每個想成為職業講師的人能夠少碰點壁，把更多的精力專注在學生，而這才是一個老師的本質。

找到職業講師的藍海策略

推薦人：盧世安
人資小週末社群創辦人

在這個「萬事可教、千人千師」的新時代，身為萬千講師群中的您，要如何在職業講師圈的紅海中，找到一片發展的藍海，您都可以在這本書中尋求一個可能的組合方案。

說起來認識治華老師也快十年了，這十年來看著治華老師日漸聲名鵲起，並從一位單純的講師，成為眾多講師的指導者。我始終認為，他目前在職業講師圈的位份，不只是因為治華老師的投入與努力（他當然非常努力），更重要的是，他對於「職業講師」這個角色，不斷動態的建立兼具廣度與深度之「策略思考」架構所形塑的影響力。

您知道嗎？早期想要成為職業講師，必須要有「三高（分別是學歷高／職位高／認證高）」，才比較容易獲得管顧公司的青睞。但現在在互聯網的時代，許多並沒有管顧公司奧援的講師，在個人品牌與網路傳播的加持下，仍然能夠在講師圈闖出一片天。只是前者往往侷限在企訓市場，難以跨入個人學習市場；而後者則剛好相反，常常能在以個人學習為主的公開班斬獲佳績，卻頻頻在企訓市場鍛羽而歸。而對於上述身居兩端，

深受困擾的講師們，治華老師在這本書中，就以他的個人經驗與指導過眾多講師的回饋彙整，提出了許多您自己就可以進行排列組合的解決方案。

綜合來說，治華老師是以一位「職業講師」＝一家「個人公司」的基調來撰寫這本書。從這個角度來看，一位「職業講師」就需要從「產／銷／人／發／財」這五管的角度來省視與管理您自己的「個人公司」。在本書中，產：是指課程教學品質的穩定性，以及用不同模式（線上／線下／混成）呈現的完整度。銷：是指 課程行銷的多元性以及個人品牌的累積性（這部分治華老師在一開始就毫不藏私的將他如何行銷的乾貨通通搬出來了）。人：則指的是講師的時間管理，以及與個人助理，與合作管顧公司間配合的眉角。發：指的是對新課程的持續研發力，以及授課技巧的不斷提升。財：指的是講師如何在營收規劃與目標管理上所必須思考的曲曲折折，以及個人的理財管理。

最後，我想特別指出一個許多講師很喜歡找我聊的議題：「講師定位」，這個議題治華老師也在書中談了很多很精彩的內容，我不在此贅述。我想補充的是：在當前這個越來越跨界的時代，「跨界式的自我定位」，也許是各位講師可以嘗試的新模式。就如同全球知名漫畫「呆伯特」的作者斯科特·亞當斯（Scott Adams）所說的：「我畫漫畫不是最強的，我對職場的觀察也不是最犀利的，但將兩者加在一起的產出，我則是獨一無二的。」

目錄　Content

第三章　實戰定位篇

第四章　教學技巧篇

第一章

營運策略篇

1-1
一位職業講師
需要具備的專業能力

你是可以掌控市場的講師嗎？

我曾經在網路上看到一篇十分受歡迎的文章，是Soking（資訊產業 UX 屆的意見領袖之一）撰寫的「獨立設計師應該要有的能力」，在各種不同的產業中，例如工程師、專案經理、行銷人員、業務人員，乃至不同的職能中，例如主管、老闆、人資，都常常看到這類「需要具備什麼基本能力」的相關討論。

我會定義一位職業講師應該是要擁有可以自己面對市場的能力，這樣才可以對於自己的營收有掌控的能力。

從這個角度來說，目前職業講師大概可以分為兩類：

● 一、以企業內訓為主要營收來源的講師：

主要是跟管顧公司合作，這是因為管顧公司投入了非常大量的企業資源去維護講師與企業之間的關係，所以講師是負責

研發課程與授課這兩個部分；

● 二、以企業內訓與對外公開班兩個面向作為主要收入來源的
　　講師：

　　這些講師營收來源有部分是來自於社群的經營、課程行銷
的付出，讓他們可以除了有企業內訓的營收之外，更擁有了公
開班的獲利，可以控制他自己的年度營收，而我這本書之後談
論的都會以第二者為目標，因為放棄公開班市場的講師對我來
說，有點像是放棄了一半市場的企業（2C，直接面對一般消費
者），著實可惜。

　　所以對於「職業講師」這樣的職業，一方面在這幾年踏入
這個職涯的朋友愈來愈多，另一方面卻少有人將這個職業專業
化、甚至企業化看待，真正認真去思考與分析這個行業中的各
種需要具備的特殊技能。以至於很多講師朋友進入了這個職業
之後，其實是花了大多數的時間在等待，等待什麼？等待管顧
公司發案給他們，有時候可能一個月有兩三場，有時候一周有
兩三場，有時候可能突然幾個月沒生意，這就是等待。

講師職涯要面對的風險

　　可惜的是，職業講師這一行以大部分的講師來說，他們的

黃金時期是短暫的。

　　成為職業講師的階段大概可以分成這幾個階段：一開始在企業內慢慢地晉升成為某家企業的主管，接著開始有了自己在業界的戰功出現，接著可能會晉升到決策層的主管，最後因為追求生活中的節奏感轉而步入的職業講師的行業，這時候這位講師可能已經四十多歲了（目前有年輕化的趨勢，但是年輕化不表示資格符合）。

　　這時候，這些職業講師有的是專業經驗與實戰能力，但是大部分的講師在此時缺乏的是教學技巧，空有一身經驗卻無法將他的經驗成為一個可複製、可重複成功的教學內容，因此這個階段的講師他需要大量的教學實戰經驗，甚至要去學習所謂的講師訓（學習教學技巧），來讓他的經驗與價值可以順利地傳遞到學員身上，而這時候這位講師才算是完成初步的職業講師的階段，才叫做稱職。

　　所以說到這，職業講師的高淘汰率也才會揭曉，因為企業講師在我們這一行是不準有失誤的，一次的教學失誤，很可能就直接在企業人資圈中傳開了，一次失誤可能不只是失去一家客戶，而是失去了這一家客戶周遭所有的客戶，人資圈的 reference check 是非常習以為常的習慣，所以一次失敗，就損失了一群潛在客戶。因為損失了潛在客戶，等待下一次課程邀約的時間就會延長，而一延長等待邀課的時間，教學手感與教學

練習的次數都會雙雙的降低，結果好不容易等到的下一次機會，又成為了下一次更長邀約時間的理由，不出三四次，一位講師就大概被淘汰掉了。

　　那我們來看看另一個好的走向，有些職業講師因為還在企業當專業經理人的時候就有在企業內部成為內部講師，或是聽了很多優質講師的內訓課程，所以耳濡目染讓他的教學技巧可以在一開始的時候就收到好評，這樣的講師說穿了才會成為管顧公司常常推薦的講師，因為一位講師對於管顧公司來說其實只是眾多產品線中的一項產品，甚至一家管顧公司光可以教商業簡報的資深講師就可能同時操作五、六位講師。

**　　所以你會發現教得好只是一個入門磚，只是擁有了等待的資格，而這一等待與磨練，一位講師就可能從四十歲走到了快四十五歲了，一位講師的黃金期還有多少年呢？**

　　所以要是無法自己經營公開班市場的講師，起碼要懂得行銷自己、讓自己成為有與企業對談能力的講師，在運氣好的情況下也還需要三到五年以上才可以享受到成為職業講師這行業的優勢。這邊就讓我商業化一點的說，職業講師的年薪三年不破百，就是失誤了。

　　所以這也是這一本書想要服務的主要對象：年薪百萬以下的講師，甚至你可以把三年這個條件都去掉，因為我當全職職業講師的第一年就完成了這項目標，否則為何要走職業講師這一條路呢？這個看似美好、光鮮亮麗的講師生活，事實上卻是一個充滿高度競爭、淘汰，需要高度自律，非常講求定位，還需要你能應對未知需求、應對充滿意外的教學現場，且具備經營策略的行業。

　　「等待邀請、等待機會」都會讓職業講師這一條路走得模模糊糊，無法預期。最後只想跟大家分享一句話：「等待是無法被管理的」，我們要做的就是在這一條不那麼容易的路上經營出一條勝率比較高的方式，讓自己的第二段職涯，可以走得精彩。

職業講師需要具備「獨立完成獲利」的能力

　　接下來，就跟大家分享一位職業講師所需要具備的基本能力。

　　整體來說，職業講師需要「獨立完成一次獲利」的能力，也就是說職業講師需要能自己運作完成課程的所有流程，並自己創造課程獲利。

　　雖然依靠管顧公司，或者成為企業內部講師也是一種方式，但能夠獨立完成一個課程獲利，才是真正的職業講師。而這樣的能力最基本可以拆解為四個基本的能力：

一、產品研發能力

　　課程規劃，因為職業講師總是會有新課程或是客製化課程的需求，你要可以接住需求，所以職業講師不會只有一門固定的課程，客製化的修正、新課程的研發都是最關鍵的能力。而且在後期你會發現研發課程是可能倍翻你的營收的方式之一，每一次的企業課程邀約時，針對他們的需求你可以提出什麼樣的課程規劃就決定了你的獲利：

> 三小時課程？七小時課程？還是你可以一次規劃出十四小時課程？二十一小時課程？很多時候一位講師的營收真的就是掌握在自己的手裡。

　　而我現在大多是一次十四小時的提案（疫情前），而如何走到十四小時以上的課程規劃呢？細節請參考本書章節 4-1，其實我們要真的去細分調整課程規模，同一個需求可以用不同的時數與流程提升整體報價，或是是去接一些客製化的課程，關於這部分我也有兩點建議可以給大家：

● 一、定位很重要，一些非定位或是周邊需求的課程，我要接嗎？定位會不會不明確了？

有定位很棒，但是一開始當講師我都覺得要接一些客製化的課程，但是我會建議是接具有相關性的客製化需求，像是一個好的商業簡報，他的本質可能是問題分析與解決、系統化思考與商業營運策略，那我可以接的客製化課程就會是：《問題分析解決與商業表達》的課程。

這樣的課程可以增加我們對於某一個專業的深度，而且從能力面考量，因為要是一般商業簡報課程講多了，這些本質性的教學素材多少都會已經有一些累積了，所以客製化課程不是一個全新不同領域的課程，只是在周邊去強化專業的深度，這樣的客製化課程就是好的，甚至，在講師之後的階段你還需要這樣的刻意練習。

● 二、初期與其專注定位，不如專注測試市場反應，是有市場還是沒市場的定位：

說真的，你還沒有進入講師圈，你怎麼知道定位呢？或是你的定位具有市場性嗎？所以初期的客製化課程其實就是在做市場探索，從自己的能力與經驗「對齊」市場需求的頻率與重要性，做為未來規劃職涯的基礎。

二、課程文案與行銷

　　沒人來的經典課是沒意義的。這邊我必須說不管你是教哪一門課的講師，假如你希望可以靠一些 2C 端的營收過活，你都需要會寫文案，因為那是最關鍵的一件事情。

　　在市場上的真實現況是，有無數的商品是沒人買的，所以有課無市的講師太多了，這些講師就是缺乏了行銷思維與文案能力。那麼，你在課程中所建立的專業價值，要如何傳遞出去？就是靠文案。而且很關鍵的是所有的講師其實都應該要具備文案的能力，因為其實我們在授課的過程不就是在行銷我們過往的知識與經驗嗎？

　　所以文案的鍛鍊表象看起來像是在鍛鍊文字力，其實真正的本質是在幫助自己釐清課程的核心價值與為何學員需要自己的課程，這些過程都會強化你在實際授課時的講稿說服力，讓你的課程品質也因此漸漸地提升。（後續可以進一步參考本書第四章的教學技巧篇，以及第二章後面的行銷方法相關篇章。）

文案是最低建置成本的行銷工具，不用鏡頭、不用設計、只需要鍵盤與深刻了解學員需求的基礎。

三、課程教學技巧

除了讓你的課程有助於學會某種專業能力外，如何讓課程專業又不乏味呢？

講師的行銷大從行銷個人品牌與課程，小至「教學本身」也都是一種行銷，一個沒有良好教學設計的講師很可能空有專業價值，卻在教學的現場失去了魅力。

而且當我們行銷的文案寫得越好時，學員的期待只會更高，教學手法是一門課最關鍵的調味料，他除了可以調整課程的氛圍，讓專業艱深的課程變成輕鬆易懂好學習，有趣又好笑，更關鍵的是互動式教學更可以深化學員對於專業知識的了解，讓學習從講師單方向的給，變成與學員雙向式的產出與討論。

這邊可以先提供各位講師一個簡單的檢驗，不論你的課程時數是多少，你講課的時間與學員練習、演練分享或是上台分享的時間比例是多少呢？我可以給大家一個參考：七小時的課程最少三小時你要讓學生說（包含演練時間），而不是自己說，而讓學生說的技巧就是互動式的教學技巧，你講得越少、學員說得越多、收穫才會越具體、越貼近學員真正的需求。

所以，你有多少種互動式的教學技巧呢？（可參考後續整個教學技巧章節。）

四、社群經營

線上的一些新型態的知識經濟商業模式，像是線上課程與訂閱制，在本質上就是在建立一個社群（尤其是訂閱制）：

如何讓一群學員長期的黏著在一位講師所培育的社群中，決定了這位講師的長期行銷成本是否下降，和這位講師的影響力規模。

在這個知識經濟與社群的時代中，一位講師都起碼要有一個自己長期經營的社群（流量池或是私域流量），你可以利用的像是臉書社團、LINE 群或是電子報行銷都可以，但是我相信未來一個講師經營一個社群已經是必須具備的能力了。

要是更專業的來說，一門課就是一個社群，像我的策略思維商學院是一個社群，陪伴式講師訓也是一個社群，甚至我的線上課程也是一個社群。（可參考第一章營運策略，與 2-4~2-6 談如何把社群轉換為營收等篇章。）

這四大方向就是一個職業講師應該要擁有的基本能力。

關鍵決勝點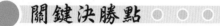

這四項能力缺乏的後果

自評表	基本能力	長期經營後果
課程規劃能力 □三小時短講 □七小時一天 □兩天以上課程	產品研發能力缺乏	1. 單次客戶接洽可產生的獲利太低，僅有短講得回報 2. 不適合當講師，專業深度不足
文案撰寫與行銷 □已經開過公開班 □可規劃行銷文字與課程文案的代表圖 □平均 PO 文破百讚	課程行銷技巧缺法	1. 無法獨立開課，僅能依附管顧公司，長期經營毛利不漂亮 2. 無法真正了解學員的需求
運課技巧 □講課幾乎都是單方面的講 □課程中與學員討論熱絡 □七小時的課程學員討論與產出佔三小時	課程教學技巧缺乏	1. 課程內容學員吸收度不佳，講師講課過程消耗太大太累 2. 無法創造課後口碑，需非常注意，此為講師基本能力
社群經營 □常在社群平台中與學員互動討論 □了解自己的學員分布在那些臉書社團 □已經有自己經營的百人以上的臉書社團	社群經營缺乏	1. 每次研發出新課程都要重新招生，無法連結那些既有學員 2. 缺少共創的基礎，無法創建自己在業界的影響力

職業講師需要有跟上「知識經濟時代」的能力

但是你會發現一件事情，大多數的講師在演進的過程中會遇到的問題是開始慢慢聚焦課程教授這一塊，轉以搭配管理顧問公司的合作接企業內訓的案子，這是因為與企業的人資建立信任需要時間，但是管理顧問公司有既有的通路可以使用，所以就可以協助講師馬上產生訂單。

但是這樣的情況演進下去就會發現，我們已經習慣與管顧合作，因為案量穩定而且逐年增加的情況下，大多數的講師會慢慢的趨向以內訓市場為主，而且案量大的時候你根本也沒時間去做行銷與課程研發了，漸漸變成公開班為輔、單一課程的講師，甚至因為招生行銷的能力退化，而最後壓根不開班了，這是好是壞就見仁見智了。

但是我總覺得知識經濟時代對講師來說是一個大好的環境，我們應該可以有更多的精采，更多元的獲利模式，我覺得職業講師最有趣的地方就是：

職業講師擁有嘗試各種知識經濟商業模式的權利，這本來要經營一家企業才可以體會的，現在一位講師就可以做到了。

線上課程、訂閱制、顧問服務、一對一諮詢、文章訂閱、線下課程、讀書會、Youtube，有太多的商業模式可以經營，幫助我們可以走向更完整的人生，事業、生活與健康的調和，所以真的要我給職業講師一些建議與條件，我會分享三大方向。

一、不要讓自己的行銷能力退化

企業就是研發、行銷、財務到售後服務你都要有完整的經驗，不可以偏廢。最起碼研發與行銷不能停，很多的講師和管顧合作之後就倦怠了（其實我懂在家就有課程很好），所以要是想要增加客量就找更多的管顧合作就好，這樣的行銷太過輕鬆了。

我從一開始當講師，我合作的管顧公司就很少，一年不超過三家，在 2021 甚至只和兩家管顧公司合作，所以我三不五時會挑戰一下自我的行銷能力與規劃課程的能力，這樣幾年下來，隨著招生的失敗次數多了，我的刀也慢慢地鋒利了，2019 年我的營收 8 成管顧提供，到了 2021 年我轉型成 7 成自己的公開班，我幾乎已經可以獨立於市場之中。

把自己當一家企業來經營，刀磨久了，能力值就完整的提升了，因為我的行銷也磨了幾年了，時間對講師來說是很棒的歷練，而你決定在這些時間中顧好那些能力就是一個關鍵的思

維，當職業講師五年了，你可能磨練了五年的行銷，你也有可能只行銷了自己一年，那你也就只有那一年的話語權。

　　所以把自己當成一家企業吧！不要讓你的行銷能力退化，畢竟只有不斷的市場交手，你對於使用者的需求才會有最深刻的洞察，與抓住趨勢走向的能力。

公開班通常是企業內訓毛利的兩倍到三倍，好一點的甚至是十倍，但是關鍵不是價格，而是你可以快速地買回你自己的時間，讓自己有更多的時間可以規劃自己的生活。

關鍵決勝點 ● ● ●

一般新手講師對於文案與行銷最大的誤解就是一文定勝負，都會妄想自己寫一篇文章之後課程就招生完畢，或是覺得自己招生失敗就是那篇文章沒寫好。其實，真正的行銷是未達自己銷售數量時，你就必須用不同的角度與方式繼續推廣課程，直到達標或是最後一天來臨，這樣才是鍛鍊行銷的方式。

最後給一個建議可以去參考那些銷售成功的講師的課程文案，起碼三位，會協助你較快速的成長，推薦名單：

- 開課單位《大人學》、《大大學院》
- 個人：歐陽立中老師、林郁棠老師、李玉秋（協辦課程的公開班管顧）

二、多元商業模式的嘗試

　　如同上一段說的，多元商業模式的嘗試權，就是講師在知識經濟年代最好的優勢，真的要我開菜單出來，我覺得我會先說明幾個過往的經驗與大家分享。

　　我自己的第一個員工（協助我的課程時程規劃與安排）是從訂閱制來的，台灣的訂閱制平台有兩個：一個是多元服務都可以納入的 Pressplay，另一個以寫作為訂閱制的方格子，訂閱制就是每個月平台的金流會從學員的戶頭中固定扣款給你，扣款的費用是根據你的服務種類與你自己的訂價來決定的。這樣的好處是什麼？

作為一個職業講師最關鍵的就是穩定的現金流。有穩定的現金流，可以幫助你養起助理，從雜事脫身，專注在課程研發。

　　當你的事業越來越忙的時候，你會發現你需要一個助理，但是當你是一個菜鳥講師的時候不敢養一個助理，導致你永遠都很忙，研發要抓、行銷要跑，還要負責所有的行政雜事，所以說真的，這時候職業講師自己的能力沒有做到最好的發揮，而只是會滿足於開發票的過程 XDDDD（對啦～我承認這感覺不錯），但是這樣沒發揮著幾年過去了，你就會和其他人產生一個落差。

　　所以我的第一個員工就是靠訂閱制養的。穩定的現金流不就是可以抵員工的薪資嗎？但是你卻可以從那些繁雜的行政中脫身，甚至請助理協助你的部分行銷與社群的經營，這時候你才發現你可以擁有的真正時間有多少，突然有辦法化零為整，整個核心產出才有時間再提升了。

　　很多的決策都會有綜效，但是也只有你開始「營運起」你自己，你才會發現這個綜效。所以我會建議要是有一定經營時間的講師，一定可以嘗試一種商業模式叫做訂閱制！讓你開始用穩定的現金流養自己的團隊。

**　　最後就送給大家一個簡單的口訣：短期訂閱制、中期線上課、長期Youtube。**

　　就可以快速的增長你的事業價值與自我可以掌控的時間。也就是說，職業講師想要活得好一點，這三種模式起碼運作兩種，可以穩定現金流，還可以創造被動收入與規模化的獲利能力。

三、一位企業講師離開企業時，就應該是一名職業講師了

　　談了那麼多的行銷與商業模式，卻沒談產品研發？這肯定要是被人唸了，但是我只能說當講師還需要人盯產品品質都

Low 了，講師的產品品質分為三個區塊：「定位、專業與授課技巧」，這邊我就不多說，後面章節會提到。

我倒是要給想要成為企業講師的年輕朋友一個建議，不要太早跳出來當講師，真的。

你知道大部分的企業講師離開企業成為職業講師的那個瞬間，他們幾乎就已經是一位職業講師了嗎？頂多教學技巧還不那麼成熟，但是專業的底蘊都是已經打好的，因為這裡有個殘酷的現實。

培養一個企業講師的戰場永遠都在企業內部，真正聰明的企業講師都是在企業內部就讓自己成為了職業講師。

你很難獨立於企業之後再讓自己成為企業內訓的講師，因為底蘊只有在戰場上才能累積。

在企業內部成為專業講師，離職後我覺得兩年內花一些費用快速學習授課技巧，你就可以有所成就，但你要是在能力還不夠的情況下先離職了（建議三年主管經驗，已經講過很多次了），那你要在企業外部培養自己成為企業內訓講師，那我就只能說，十倍辛勞吧，甚至你的天花板就出現了。

　　我看過太多講師就是出道太早，所以後五六年都在追趕「企業感」，但是已經很難追回了。

　　希望這幾點建議，可以對於一些年輕的講師朋友有些參考價值，職業講師是一個很棒的職業，但是成為職業講師的路卻一點也不輕鬆啊！我常說職業講師就是那種就算把路都幫你規畫好了，走起來也都不輕鬆的職業。希望這本書能夠在這條路上對你有所幫助，讓你晉升為百萬講師，或是在講師職涯上創造屬於你自己的成績。

關鍵決勝點 ● ● ● ●

何時可以把講師當成全職？我會建議你，如果是職場專業的講師：

☐ 三年以上的主管經驗（了解營運思維而不是只有執行思維）
☐ 有具體戰功（確保你的經驗真正有效）
☐ 撰寫相關專業文章超過 20 篇以上（基本行銷能力夠）
☐ 可以開兩門以上的專業課程（但是初期兩門測試，一門主打）

如果是柔性專業的講師（如自我對話、溝通相處、兩性情感）：

☐ 一對一諮詢已經超過 20 位（而且都有很好的回應與口碑）
☐ 撰寫相關專業文章超過 20 篇以上（基本行銷能力夠）
☐ 自己經營的粉絲頁粉絲已經超過 2000 人（基本曝光底蘊）

1-2

職業講師的階段性行銷策略

講師需要行銷，讓你的價值被看見

上過我的「職業講師的商業思維」的講師，應該都會記得一句話，自我的經營有三大方向：

● 建立價值

● 傳遞價值

● 價值轉換

大部分的講師都只專注在第一項而已，而這樣的講師會有甚麼樣的情況呢？

其實講師界有很多的職涯瓶頸，像是三高（學歷高、人氣高、經歷高），這些資格說真的都會很深的影響一位講師的職涯發展，而在三高中我們也可以很清楚的看出來其中的限制與突破點：

學歷高與經歷高，是一個血統論，這是離開職場後就很難有所改變的條件了，這時候也就只剩所謂的人氣高的建立了，也就是我們所謂的行銷。

很多的講師是忽略行銷的，但是這就是一家企業與一個知識個體戶來說最大的差異部分，所以這一篇就想跟大家分享一位講師可以做到的幾點行銷關鍵原則與做法，這部分是講師的基本功，練好了日後有機會再與專業的數位行銷團隊合作，才可以規模化自己的事業與學員的流量池。

而我們把職業講師一個人可以做的課程行銷，分為三個階段：

● 課前行銷

● 課中行銷素材的累積

● 課後見證的累積

而這些行銷素材要是講師有自行累積，基本上日後和專業團隊（臉書廣告投放、SEO）合作的時候就可以如虎添翼的快速成長了。

所以我們來細看這三階段我們可以做什麼吧！

課前行銷：建立未曾謀面的信任感

　　課前行銷是所有行銷階段來說最困難的部分，因為在市場的能見度不高，相信你的學員太少了，因為他們根本不認識我們，所以我們只能靠我們留下社群或是網路上的數位足跡，與透過課程文案，讓他們相信我們是可以協助他們的。

　　這些行銷的方式其實有非常多不同的素材可以執行，或者說也的確需要大量的行銷素材才可以去建立「未曾謀面的信任感」。

一、傳遞品味細節與用心醞釀

　　很多講師的盲點就是不知道要寫什麼來推薦自己的課程，而為什麼會說是盲點就是因為：

其實幾乎所有準備課程的過程都可以寫下來成為行銷素材。

　　我就先列舉幾項給各位講師參考，像是：

● 課程定位：

一開始在思考要給什麼樣的學員，什麼樣的價值，那些取捨的內在思考過程，就可以寫下來當作行銷初期的醞釀，有時候甚至在定價上的思考都可以寫下來，說真的，這些講師心中的已知其實都是學員心中的未知，寫了，就會增加學員對於講師本身價值觀的認識，畢竟，能跟熟悉與專業的人做生意不是比較安心嗎？

而坊間常常看到一些課程文案都會有一個區塊是「哪些學員不適合來上課或是哪些學員適合」都可以在這階段寫喔！

● 學員痛點文：

每一門課其實都是試圖在解決學員生活或是職場中的問題，當你要解決的問題不明確的時候，課程的教學價值也就不明確了，所以學員痛點的描述就可以寫成一篇文章去測試這個市場是否存在，有同感的學員就會有很大的機會會留言給你，分享他自己生活中是否也遇到類似的問題，所以當你不知道要寫什麼的時候，這類型的問題其實是非常關鍵的一種內容型態。

● 場地選擇：

對，甚至是場地的選擇都可以，因為這個時代學員在挑選課程的時候其實會有一個考量點：上課的氛圍與質感！因為有些學員就是喜好學習，他們不一定是為了特定問題而來上課，而是喜歡吸收新知與經驗，這樣的學員對於上課環境的質感就

會比較在乎，他希望這個學習的體驗是良好的、舒服的。

● 課程內容反覆修改與反思：

　　講師的個人塗鴉牆就是一個最基本的通路，平常可以逐步的塑造與醞釀自己的專業，即便是有些內容是講師在規劃課程內容過程中會被捨棄的內容，我個人的習慣是每一個產出都要發生效用，所以就算是最後不使用的內容都可以分享在自己臉書上，讓學員了解這次課程有多少的準備。

● 講義製作：

　　這部分的行銷方式則是轉換率比較好的做法，就是在備課的過程中偶爾 show 一兩張課程中的投影片給學員看，或是當教學簡報完成（或是完成 20 頁以上時）可以顯示一下簡報瀏覽的狀態，讓學員看一下教學簡報的品質，這些都可以讓學員更可以預期與安心來報名，算是一個很重要的行銷素材。

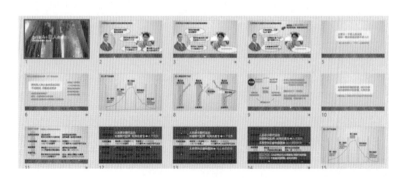

　　因為這些行銷素材會讓學員知道你是多麼用心準備這一堂課的，讓學員了解講師在課程準備上的用心。

而你們要克服的就是，放心把一些在自己心中的喃喃自語寫下來！這是講師的已知但是是學員的未知，相信我，這些就是初期文案可以做的事情。

　　實際上，除了這些行銷的素材之外，還有兩種轉換率更好的行銷素材，只是一個需要額外獨立一段時間出來製作，另一種則是需要課學上完課程之後才會有的行銷素材。

二、問卷行銷：

　　這部份則是需要一個比較完整的說明，可以參考我在本書4-4中有更深入的討論。簡單的來說，在台灣因為線上課程已經運作五年以上了，課前問卷幾乎已經是每一門線上課程都會做的事情，同樣的線下課程也需要，而這些線上課程的平台問卷，基本上已經養成了一般公開班學員看問卷時的固定習慣：

要有一個長文案作介紹（五百到一千字）與超過
10題以上問題的深度說明，這樣的問卷才會讓學
員覺得講師是當真的。

否則說真的連填寫的數量都不會有，至於問卷設計的細節
就請看本書 4-4 了。

三、課程見證：

其實就是在課後要累積的行銷素材，一門課程講完最關鍵
的不是你課程講完了，而是「有一群體驗過你的課程的學員」
出現了。

你之前說你的課程好的天花亂醉都可以，現在有
學員實際體驗過你的課程，好與壞才是真正被定
義了，所以這絕對是最重要的行銷素材了，沒有
之一。

所以我常說講師要懂得讓自己的價值被說出來，畢竟自己
說自己好誰信？

關鍵決勝點 ● ● ● ●

學員撰寫心得文

講師一定要設計一門課課後的滿意度調查與心得撰寫，要是沒有專門設計心得文的獎勵機制，超過百分之 95 以上的學員是不會寫心得的，即便他真的很滿意你的課程，記住只要沒有口碑就不會有擴散。所以以一位新手但有點實力的講師來說，一個月講 2 場公開班（學校邀請加政府單位邀請），每班 25 人為基準，你一年接觸到的學員會是

2 場 x 25 每場學員 x 12 個月 = 600 次的授課人數

搭配上 30% 的心得撰寫比例（要有設計撰寫機制才有那麼高的比例喔！）那就會是一年 180 篇的課後心得文章，天啊！這是什麼樣的數字？對！就是你一年浪費掉的學員心得文的數字，而且我相信以很多老師來說這樣的授課人數真的不算高。

我可以跟你說一位講師在網路上只要有個 20 ～ 30 篇學員的心得文，他的課程就會很好轉換，因為會有很多學員在上課前會 google 講師的姓名，這時候要是看到這 20 位學員的見證，他們就會更有信心來上課。

而現在你只要思考一件事情就好，你已經教過多少學員？你浪費了多少學員撰寫心得文的機會了？

關鍵決勝點 ● ● ●

交換機制，交換不贈送

那心得文到底怎麼來的？什麼樣的機制可以讓學員撰些這些心得文呢？記住一句話就好：「交換不要送！」

簡單一點的作法：可以用上課講義 PDF 作為交換、可以用一對一諮詢一個小時作為交換，可以加入自己的專屬社團來交換，可以寫五篇獨家的 Tips 作為交換，換什麼？換他們寫好心得文 Tag 你，所以在講課過後不要送任何的產品或是服務，請交換。

關鍵決勝點 ● ● ●

強化學習機制的邀請

我也知道最後一個執行上的難題就是，你可能會不好意思要求學員寫心得文，即便是有交換或是獎勵機制，但是你就是不知道怎麼開口，那這邊我再跟大家分享我們應該要怎麼說，事實上，你要知道一件事情：「課後心得撰寫本來就是在幫助學員沉澱一天所學的核心」，所以你也只要如實的說就好。

「為了希望各位學員的學習是可以回歸職場上的，所以我希望在課後大家寫一下課後的心得，幫助自己釐清今天所學習到的內容，另外我要的心得不是上課重點的筆記列表，而是

你從課程中學習到的兩個或三個重點知識，搭配上你自己的感想與日後可能實踐的方式來撰寫，若是有寫心得的學員，老師可以再送你們之前我寫過的《關鍵閱讀策略》的簡報喔！記得喔～兩天內要完成喔～有特殊情況的可以再傳訊跟我說。」

以上幾個技巧就送各位了，希望各位講師之後的重點課程可以在一年結束前有 20 ～ 30 篇的學員心得文在網路上，可以讓對你的課程有興趣的學員搜尋到，那你的公開班的市場就開始改變了，雖然不保證招生滿額，但是開班絕對是沒問題的。

看到這邊我相信你應該會覺得要當講師要懂的行銷細節不少吧！其實，還沒完，因為當這些資訊都整理好之後，其實我們就幾乎已經完成了自己課程的完整課程文案了，現在你知道為什麼我會說「階段性行銷」了嗎？

因為過往講師在撰寫文章時犯了一個錯：一次就想要完成最完整的文案，以至於最後做不到，甚至延誤了行銷的期間，導致最後甚至不開班了。

而階段性行銷呢？除了我們階段性的撰寫文章可以降低完成的困難度，更關鍵的是我們提早了行銷期，利用初期文案去

醞釀這一堂課的價值，也讓學員有更多的時間去了解你，最後我們才從這些行銷素材中自己挑選與整理成一門課程的完整文案，這時你的課程完整文案才完整有吸引力了。

課中行銷：收集你之後行銷的素材

說完了課前行銷的部分，現在我們來說明在運課過程中一位講師應該要記錄下來的行銷素材，對！就是運課的過程，簡單來說有以下幾類。

一、氛圍呈現：

簡單來說就是課程的花絮與課程氛圍的紀錄，建議請懂得拍攝的朋友幫忙或是直接花錢找專業的服務，拍攝的計畫可以有：活動場地的之前與之後（還沒人的時候與學員到齊的時候），我比較喜歡的，也是跟講師專業相關的則是課程氛圍的紀錄，像是一些學員的提問與舉手，或是學員上台演練的畫面，最後的課程大合照的設計，都是值得我們分享出來的內容。

畢竟我們要知道學員他們從課程文案中根本無從
得知他到底會經歷到一堂什麼樣的課程（開心活
潑還是冷靜成熟），所以要是有照片或是影片的
紀錄真的可以節省掉很多學員決策判斷的門檻。

↑這是我企業內訓時下午四點時的學員狀況，充滿活力與動能。

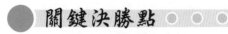

關鍵決勝點 ● ● ● ●

找專業的攝影師（或是懂攝影朋友）一起思考拍攝計畫

記得一個關鍵的拍攝部分就是學員的個人照（對的！個人照），因為個人照會是學員自己儲存下來，或是搭配心得一起貼在社群平台上的素材（對！給學員素材），這是很關鍵的事情，讓你的好課程不要放在一個爛盤子上，這是為難了你也為難了學員。

二、學員階段性產出的分享，直接整合社群行銷的議題

可以用照片記錄的還有兩項：階段性產出的分享，直接整合社群行銷的議題。

在階段性產出的部分：有時候講師可以稍微透露一些課中的成效，也就是是否有一些階段性產出是可以分享出來的（有時候這甚至牽涉到課程設計了），但是這樣的揭露有幾個點要注意：專業秘密不要 show。

我們在設計課程的過程中總是有些巧思自己好不容易摸索出來的，這些我會建議不要 show，我們要呈現的是階段性產出，像是一張學習地圖（有五大步驟三大區塊）只呈現出探索到的部分，所以這時候彩色筆、便利貼、海報紙的準備就是很重要的事情。

　　不要用小小張的 A4、不要用原子筆寫，要讓學員的階段性產出是可以讓人看得一清二楚，甚至可以上牆面分享就上牆面分享。

**　　不要讓學員坐在位子上分享或是建議，要站著、要圍觀、要走動、要發表、要討論。**

　　當然有些產出要是有機密性，你也可以用馬賽克將其關鍵的部分模糊處理。這些都可以降低學員在購買你的課程時的決策壓力。

關鍵決勝點 ● ● ● ●

將課程演練直接整合社群行銷的議題

這是超級關鍵的部分，而且和課程設計有關，舉個例子，有些作文案教學的講師就會請學員進行一些文案的撰寫，寫完之後直接上傳臉書，在課程結束後大家一起來比賽誰的按讚、分享或是互動提問多，這樣的過程就自然而然的會讓這門課在課程運作的過程中不斷的自我曝光，搭配上要是學員寫的文案真的很不錯，那就除了課程的曝光外，學員本身在演練的過程中同時也完成了見證資訊的提供，而且學員自己會非常清楚的體會到 Before 與 After 的差異。

寫到這邊你才會發現一件事情，一門課程的規劃與設計其實就是要包含了行銷、見證素材的產生。

而這些產生的動作也不能只是為了講師自己的課程，真正的核心還是要以學員對於課程主軸的認知強化為核心，若是沒有想到一個可以「強化學習」的方式，那我也建議講師不要使用「整合社群行銷」的課程部分，因為明眼的學員一瞬間也都知道你在做什麼了。

此外，整合社群行銷的概念其實真正的方向不僅只是讓課程曝光，更是讓學員體會真實世界中市場對自己產出的反應。

課後行銷

最後一個行銷素材：也就是課程結束時，學員所填寫的課程滿意度調查的問卷。

這裡有兩個關鍵的點要跟大家分享，第一部分是簡單的見證，課後滿意度調查表要是有紙本的部分，一定都會有對於今日課程的感想部分，我會建議大家在課程結束之後記得自己拍

照儲存下來。手寫的感受比起數據化的圖表更有另一番真實的風味，我會建議大家都可以做幾次紙本的課後滿意度調查表給學員填寫（線下課程的時候）。

　　而最後一部分，則是假如你是要經營 2B 市場也就是企業內訓的講師，更要懂得在課程結束後主動跟你合作的管顧公司索取所謂的課後滿意度調查報告，他們都會有一些圖表化的內容來說明你的授課情況，這是一個極為關鍵的素材，因為所有企業內訓的人資都是用類似的標準來衡量一位講師。

公開班也許看看那些手寫的見證就夠了，但是若是你想要加速你在企業內訓的拓展，那就要懂得去準備與呈現這些用人資專業話語與方法論解讀的課程評估素材，才可以讓更多企業人資接受與信任你的專業。

　　以上這些，就是一位職業講師應該要懂得基本行銷素材的建立方式，對我來說這就像是作戰時「三軍未發，糧草先行」，當日後你要與一些專業的數位行銷團隊合作時，你就會發現這時候已經俱備了合作的資格與素材，那時候規模化的效益才會倍數的放大，才會是一位講師最大的收穫。

　　最後也希望大家真的要開始懂得累積自己行銷素材，進行階段式的行銷計畫，讓自己的專業放在一個好盤子上，可以讓學員好好品嘗。

1-3
一位講師的職涯定位方式與關鍵要素

你定位自己是多課程講師，還是單一經典課程講師？

我希望這一篇文章可以告訴大家關於職業講師定位的方方面面切入觀點，以及這些定位在真實世界中的運作方式。

我想如何對自己的講師職涯定位，是每個講師都會去思考的點，這邊我想要先分享一個關鍵的定位思考角度：

並不是專業領域中特色的定位，而是「你是一名多課程講師，還是單一課程講師？」

第一點：經典課程的營收模式

我想先跟大家說說我去馬來西亞觀察到的講師自我培養的差異，我印象中是在 2019 到 2020 年我去了馬來西亞講課，那

時候我是和一位馬來西亞的企盟家林恒懿老師一起合作一場五天的課程，也是他邀請我去馬來西亞講課，讓我和馬來西亞的學員結下了緣分，他負責前面三天的課程，教導馬來西亞五十位企業主如何經營自己的公司與規劃未來，而我負責最後一天半的課程（讓學員的事業營運規劃可以具體呈現），說真的那一兩年的合作讓我有非常深的反思

他的第一門課就可以上五天，要是沒有找我合作的話基本上他是可以自己講完的，這其實讓當時的我很驚訝，這可能是因為我是教商業簡報的，我的教學風格與認知就跟做商業簡報一樣，就是精準與快速應對，所以我的課程在那時基本上頂多就是兩天的簡報課。

但是我卻看到了一位林恒懿老師在我面前的就教了幾乎 30 多小時的課程（馬來西亞三天課程是基本款，而且這些課程都很有可能上到晚上七八點），你想想要是沒有我接後面一天半的課程，他的授課時數可能是超過 50 小時，這對當時的我是非常震撼的，讓我反思到教學兩三年了，我有沒有一門自己的經典課程呢？而且這門課可以教授三天以上？

這不是在台灣有沒有市場的問題，而是你有沒有這樣的底蘊可以教授50小時卻也天天精彩，而且讓學員在每個階段都有鮮明的成長？

當然這樣的經典課程在運營上也是截然不同的模式，一位企業主上課要繳交 6000 馬幣（現在價位當然更高了），一次課程會有四十到五十位的學員，也就是說在營收上一門經典課程的獲利是：

40 位學員 x 6000 馬幣 x 7(轉成台幣) = 1,680,000 台幣營收

要是招滿 50 位學員則是獲利兩百多萬台幣！

也就是一門課可以獲利幾乎兩百萬時，你會發現這就已經不是課程規劃的差異了，甚至連經營的方式都不一樣了。

第二點：你可以花多少時間準備一門課？

這樣的課程當然也不可能是天天開，甚至要搭配臉書廣告投放團隊，並透過客服團隊和學員溝通講師上課的品質與他們的需求，招生期起碼也要兩個月以上。但是相較於台灣企業講師大部分的情況是：一天企業內訓七小時，與管顧公司合作的話一位年輕的職業講師應該只拿到兩萬出頭的鐘點費。

於是，我突然看見台灣講師在經營講師職涯上面的差異了。同樣要達到兩百萬的獲利，馬來西亞的課程規劃方式就是三個月一場，一年就是 1200 萬的獲利，而為什麼可以開一門兩百萬的課程？

因為講師會花三個月的時間去規劃與準備一門課程，一季一場到兩場，充分的準備、充分的獲利。

而一場兩百萬的獲利當然也就可以或是也需要養團隊了，所以過程中也有絕大部分的時間在經營團隊與擬定策略計畫，日子久了，除了有課程之外也有了一個團隊，這就叫經營。

反觀台灣的講師要達成獲利兩百萬，最起碼要講80天的課程，但是這遠遠不是80天的時間而是80次的等待邀課時間。

有時候這甚至已經是一位年輕講師一年的課程邀約分量了，但是這樣下來，你會發現台灣講師的職涯規劃是以單次小型課程為主要課程規劃的方向，這樣說穿了，相較於馬來西亞的課程規劃風格就少了那些宏觀與長期對自我底蘊上的要求了。

關鍵決勝點

我們從時間的資源分配上，來看這三個月（90 天內）是怎麼樣運作的：

- 馬來西亞講師 5 天講課，50 天備課，35 天規劃行銷與營運策略，培養經營團隊成長。
- 台灣企業講師 80 天授課，10 天備課。

我覺得這50天的備課已經從量變帶出質變，而授課80天後我相信那10天真正的用途其實是休息，而不是備課。

第三點：建議台灣講師的定位戰略

當然我也知道國情不同，馬來西亞因為華人的學習氛圍非常的強，而且是從企業主開始的強，所以大多數的課程是企業主自己先上，才開始引進他們的企業，所以他們可以開出這種三天起跳，可以長達五到七天的大課程。而且是企業主上課，所以在定價上又可以反映整體的經營成本與獲利。

反觀，台灣企業主學習的氛圍就低落了不少，大課程的需求與市場是截然不同的情況，變成是學員上課，自然就不會有

那些高單價與長達五天以上的課程市場，而更關鍵的是即便員工學習到了新思維與刺激，但是主管與企業主卻不一定可以接受這些轉變，反而讓學習成效在回到日常工作中又被歸零了。

所以我們回到一開始定位的主軸上，你會發現，其實我們可以把自己的定位切成三種：

● 一、逐漸打造一門經典課程的經營定位

● 二、打造一門可以符合兩天需求的課程

● 三、打造多門課程自己都可以講的定位

你會怎麼選？

我會建議你們，先（二）打造一門可以符合兩天需求的課程，再（一）逐漸打造一門經典課程的經營定位，最後才是（三）打造多門課程自己都可以講的定位。

其中（二）的這一項，不管在台灣是否有市場，那都是建立一位職業講師核心底蘊的目標，要談品牌先談品質，可以開出來的才擁有可以抵抗市場趨勢變化的品牌！之後才去思考因應多需求的承接，甚至，就是這門經典課程不斷的優化下去就好，根本不用走到（三）的部分。

職業講師思考定位的四個關鍵要素

有些產業別已經是一個成熟市場，就是沒有所謂的定位，像是洗髮精的市場，有什麼定位可言嗎？清爽、去屑、無矽靈、抗掉髮、增髮、芬芳的香氣，有哪一種定位可以彰顯他找到了一個從來沒有人發現的需求切入點（定位）？

講師的市場，其實大多的教學領域也已經是成熟市場了，畢竟一家企業需要的需求這幾十年來有什麼變動過嗎？而就算有變動，新的趨勢像是 OKR、OGSM、AI、敏捷式開發、LINE@、線上課程與直播的興起，又有多少講師可以再讓自己轉型，重新投入新市場呢？

> **真正的定位是「你喜歡、擅長的」、「他人沒察覺的」、「客戶需要的」，和最後「卓越的品質」，這四項因素的交集。**

但是一定要做到四個交集才叫定位嗎？不用，其實在真正的市場機制中，只要有兩項就有可能成為你鮮明的定位，而這兩項中「卓越的品質」是永遠不會變動的部分，大多數的朋友在強調定位的時候，都忽略了這一點，定位的基礎是卓越，沒有了卓越的品質，你的定位隨時會被他人取代。

其實當你想不出自己的定位的時候，就讓自己做到卓越，然後市場會自然地幫你定位。

而且，其實在真正的現實世界中，大多數講師的定位在出現的那一瞬間就完成了，真正關鍵的就是如何經營這樣的卓越定位。

我這邊先簡單羅列出在市場中有定位的講師，這些都是屬於商業簡報的一個大範疇中，你可以從這表格的標題中發現，當你在商業簡報中有足夠的專業時，你是可以拆解出超級多的關鍵元素與切入點，而你可以從我對這些簡報講師朋友的定位（V）中發現：

講師	懶人包	忘形流	簡報設計	簡報邏輯	專業製作	數據思維	營運策略	新創募資	跨產業
林長揚	V								V
張忘形		V							V
劉奕西			全息圖			V	V		V
韓明文				V	V				V
孫治華							V	V	V
彭毅弘			精準設計						V
林稚蓉			簡報設計						V

他們當然針對於表格標題中其他領域都有一定程度的認識與授課能力，但是真正會在市場中被人認同的定位就是在打勾觸那麼鮮明的區隔。

我相信在這些列表中有些講師可能會覺得「哎呀，治華老師憑什麼這樣定位我？」其實這時候你才知道一件事情：「市場就是別人如何看待你，而不是你怎麼看待你自己。」

如何在已成熟的需求市場，設定你的定位思維？

以前述的簡報市場為例，你說這些定位都被人佔領了，那我們新進的講師怎麼辦？這邊跟你們分享兩個方向的思考。

一、不怎麼辦，專注提升自己的專業能力與授課品質，市場太大了

定位是行銷與品牌的概念，但是課程邀約是市場供需與品質的概念，這些定位的優質講師面對台灣市場各領域的整體市場來說，都是極度的供需失衡。

講師是供給方，企業是需求方，有些企業甚至到現在都還可能不知道這些老師的存在，一個企業需求與一個個體戶的講師在市場規模上就是有那麼大的落差，所以簡報設計已經有三大名師了我們還可不可以切入？當然可以，市場需求太大了，一位講師頂多就佔了 1 ～ 5% 的市場而已（大眾市場的課程來說）。

二、需求太多元了，只要你的深耕夠，隨時都會有新的定位產生

舉個例子，在這張表格中標題的定位，是否有更多的可能性？當然有啊！一般員工的簡報邏輯思維、週報與月報技巧、跨部門簡報技巧與溝通、高階主管簡報技巧、決策層主管的新事業簡報、年度計畫簡報、英語簡報，喔，對了，你要是英文好，以上所有的市場你就直接倍翻了一次，而且鐘點費幾乎兩倍。

目前台灣有提到整合工具一起教學的簡報課、整合數據教學的簡報課幾乎都才開始而已，還是在一個初期市場（不同產業也許已經是一個成熟市場了）。

所以，關鍵是在於我們對於客戶的理解有多深，我們的專業定位就可以有多細緻與明確，你上課前與課程後有和企業的

人資多聊個半小時一小時過嗎？或是在需求訪談的時候，你只是告訴對方這個需求你可以講課，卻沒多跟他聊聊這一門課的延伸與變化性嗎？你們有聊過他們對於企業儲備幹部的要求嗎？有問過他們今年教學計畫的重點嗎？還是你只是在說明我的課程很棒可以完成你們的需求？

NOTE

【作業：展開專業中的知識地圖與拆解？】

【作業：你有好好的規劃每次和人資見面時聊天的方向嗎？】

請你也利用上面的表格架構，針對你的專業來演練看看，你有沒有發現自己所在的市場，有哪些名師，他們的定位是什麼，而你又看到哪些可以切入的角度呢？

三、定位也是與時俱進的，最終你只能找你最愛的來教

　　其實當有些年輕簡報講師看到這個定位表的時候，也許會對我在「營運策略」這邊的勾勾有點驚訝與好奇，一位簡報講師怎麼可以走到這一階段？其實一開始的我也是從簡報設計開始，那時候我第一次的出道戰就是和林稚蓉老師一起在商周學院合講一門簡報課，叫做簡報五力，那時候我被分配到簡報內容架構，稚蓉老師好像是簡報設計的部分，但是說真的，我現在已經不敢看那時候自己做的簡報了，誰沒有過去，只是我的過去比別人更慘。

講師	簡報設計	簡報邏輯	專業製作	數據思維	營運策略	新創募資	跨產業
孫治華	第一年	第二年	--	--	第三年	第二年	V

　　對於那時候的我來說，一天七小時的企業內訓似乎一定要有幾個時數是用來講簡報設計的，畢竟這樣七小時我才比較好駕馭，但是我知道我在簡報設計上沒辦法做到卓越啊！在做簡報設計的過程中，我心醉的不是簡報設計，而是想法的呈現設計與符合商業判斷的說服策略，我不喜歡去學配色那些專業，畢竟我也覺得一般員工也不需要懂這些，他們必須要專注在他們的本業上，不要隨時開副本。

　　但是真正的關鍵是我在簡報內容與說服策略的引導與教學上，在那個時候我還無法駕馭的很好，所以在那一段日子裡，我是必須要一部分的時間教授簡報設計的一些技巧，即便那時我教的簡報設計已經是著重在想法的呈現，但是我心中始終知道，簡報設計不會是我最終的走向。

　　就跟我第一份職涯的工作是做資訊工程師寫網頁的，當我看到了我的一位前輩對於寫程式的專業與認真時，我就知道我應該不是在寫程式上可以卓越的人，我就開始再尋找真正我所喜歡的道路。

　　天才大於努力，迷戀勝過天才。簡報設計我能教，而且教得簡單易懂，效益明確，我的線上課程教簡報設計的部分已經

有一堆學員主動的傳訊給我說，我教的簡報已經改變了他們在職場中別人眼中的定位了，他們現在工作起來別人都對他們的簡報另眼相看了，但是那終究不是我的道路，我知道台灣有更棒的簡報設計的講師可以給學員更好的價值，在簡報設計中那些講師有簡報設計的天才與品味，而我只是一個努力的地才，天才大於努力，我們何必要花自己絕大部分的時間去拚那些自己沒有天賦的部分呢？在不擅長的部份做到中上，不要成為弱項就好。

　　定位沒有努力一定不會成真，但是只有努力也不會成真。直到我看了幾場商業模式的演講、直到我看了幾場產品設計思維的演講、直到我聽了幾場集團高度的策略思維的演講，我才發現了我自己的迷戀所在，不斷地買書閱讀、不斷的與新創公司的一些創辦人討問商業模式、不斷地聽著那些線上演講，聽到睡著，醒了倒回昏睡前的部分繼續，反反覆覆地聽完，一場又一場，一夜又一夜的持續至今，說真的不輕鬆，但是我卻是喜悅與滿足的，我就知道這是我的道路。

　　這也是為何如今一天七小時的課程我可以隻字未提簡報設計，聚焦在簡報中高階主管的決策思維，跟學員討論為什麼你的案子不會通過，就算你的簡報設計的再好，但是從營運面來說，財務不合理、目標設定錯誤、忽略了領先指標、策略不明確，產品力呈現不足，市場調查底蘊不夠，你的簡報就是沒有充分的商業價值，所以高階主管才無法認同你的簡報。

你如何系統性的提升與專注自己的定位

定位與你塑造自己的培養環境有關，我可以跨產業就是因為我有一條產品是新創募資簡報，協助台灣創業家對投資人募資的簡報技巧，在台灣最大型的新創政府計畫 FITI 我已經擔任多年的募資簡報講師了，每年起碼教授一百家新創企業，了解他們的商業模式與價值之後，協助他們說出事業價值與策略走向，所以各行各業的內訓我去講起來，都大概可以抓到對方的需求與風格。這三到四年新創募資簡報的教學，才是我可以在跨產業這邊打個勾的原因。

所以一位職業講師或是個體經營者要如何培育出自己的風格與特色，實務實戰當然可以培養，直接在戰場上練出專業，但要是你有一個培育定位與風格的沃土策略，那就會更快。

怎麼找定位？怎麼培育？其實就是一個階段性的思考策略，很多時候我們都太在意一門課了，卻忘記了：

● 這一門課在真實的世界中是怎麼運作的？

● 為什麼企業需要這門課？

● 為什麼一般個人品牌的人需要這門課？

● 學了這門課他會拿去做什麼？

● 在這樣的目的之下，他還需要別的專業嗎？

　　這些問題的答案就是講師培養自己專業定位的沃土。

　　所以有沒有更好的方法？當然有，就是講師可以利用選書策略來再加速與強化你的專業與品牌，想要了解選書策略歡迎來到我的線下課程，這是我另外開設的一個線下課程 only 的講師關鍵營運策略課程。

這邊我也跟大家分享一個沃土策略，就是一個長期的文本（Context）的學習基礎，簡單的說你要找到一個和你授課內容相關的素材，長期的從中獲取相關的個案與知識。

　　這樣的方式會漸漸地形塑你的風格，像是簡報講師我就會推薦：TED 演講系列、奇葩說（大陸辯論型節目）、未生（韓劇職場生態）這些都是非常好的文本，對於講師來說長期用這些資訊刺激自己對於本身專業課目的認知是非常好的事情，而且可以快速的形塑出自己獨到的觀點。

NOTE

【作業：為你的專業尋找一到兩個長期的文本（學習素材）】

1-4

一位講師的餘裕：
如何進行年度計畫的規劃

餘裕，我想相對於這個詞的應該就是講師圈流傳的那一句話「不是餓死，就是累死」。

那一天找我諮詢的一位講師，他很仔細地列出了自己想要諮詢的題目，其中有一題相當的有意思，他說：「老師，不知道為什麼我的工作總是非常的忙碌，而且忙碌也不會讓我自己安心，總是有一些焦慮，但是總覺得你的生活很有餘裕，所以想要問問老師你怎麼做到生活中的餘裕的？」

滿課的講師生活，好嗎？

我是很驚訝地發現原來大家對我的看法，竟然會有餘裕這樣的印象。我以為比較多的印象中我不斷地在嘗試很多新的商業模式，忙忙碌碌的到處跑。

其實我過去也是相當的忙碌，2019 年我有 185 場的邀約，2020 年我有 200 多場的邀約，就連我自己都不覺得餘裕這兩個字跟我有關。在 2020 年當一些講師有時候會說自己連續五天的課程很累，我只是在想自己何時可以不用上課，因為有時候一個月包含六日我也只有兩三天的休息時間，甚至當有些邀課單位跟我說這次招生不穩，可能要取消時，我只有開心，因為終於可以好好休息一兩天。

2020 年之前的我是忙碌的，真的要說餘裕，我想我只能說在忙碌之中，我對生活經濟上算是安心，但是還稱不上餘裕，其實真正的關鍵是 2020 年底我開始了規劃自己的產品線：「陪伴式講師訓」與「策略思維商學院」。

這是很有意思的點，因為當我有自己可以規劃的開課時間，我突然可以規劃自己的營收了？在這瞬間我突然懂了，為什麼今年我可以有所謂的餘裕了：

這是因為講師的收入有很多種，但是起碼我們可以把它分成最簡單的兩類：不可控的與可控的。

餘裕來自於你對營收的可控與不可控的比例

● **不可控的營收：**

企業內訓，雖然有些內訓是年度計畫，但是大多數的內訓邀約是臨時性的，企業內訓的營收特性是低單價，但是邀請次數是可以隨著歷年經營而累積越來越穩固的營收與有可能一個禮拜有四五次的邀約，是一個可以累積到高頻率的營收模式。

不可控的營收簡單的說就是這需求是被動的邀請，而不是自己可以規劃的，也就是說我們比較無法說，我這禮拜要有四家企業內訓的邀約，你可以這樣說，但是有沒有邀約不是你可以控制的。

● **可控的營收：**

公開班，當你有了一些累積之後，你大概可以預估這場公開班可能收到幾位學員，你自己可以決定一年你要有幾場公開班，搭配上一些達成率的考量，你就大概可以預估出今年在這條產品線上的營收。

我的策略思維商學院一年的課程，一個學員收一萬五（2022年會漲到兩萬起），預估 30 人，達成率考量大概也有 25 人，那我就可以初估策略思維商學院可以幫我帶來的營收約 30 多萬。

我的陪伴式講師訓一年的課程，一個學員收三萬（2022 年會漲到三萬五起），預估一梯 10 人，預計在第一季會開兩梯，所以大概是 20 人，那我可以初估陪伴式講師訓可以幫我帶來的營收約 60 多萬。

也就是這兩個我自己掌控的產品線約 100 萬的可控營收，假如我的年營收目標是 100 萬的話，那我今年的營收目標已經達標了，我只需要多接幾門企業內訓，就可以抵掉這些課程的營運成本，讓這 100 萬走向淨利。

但是如果我希望今年的營收目標是 200 萬的話呢？那就是另外一回事了，除了那幾門企業內訓之外，我還需要創造 100 萬的獲利，以企業內訓一天三萬來思考（管顧公司合作）我就額外需要上 33 天的企業內訓。

一年 12 個月，第一季做了公開班的醞釀與規劃，我已經沒有太多時間可以用了，也就是對我來說我必須要在剩下的九個月中，達成 33 場的內訓邀約，這時候我就可以評估這數字是否容易達標了。讓我們來營收試算看看：其實一個月只要平均有四場企業內訓就可以！這樣內訓的邀請數字根據我過去的市場經驗來說，是相當容易達標得。

這時候你就會發現我知道之後每一個月除了「陪伴式講師訓」需要花我一天／每月，「策略思維商學院」需要三天／每

月，我還需要接四天的企業內訓，也就是一個月我只需要講課八天，大概就可以創造 200 萬的年度獲利了。

剩下的 20 多天我可以分配 10 天做自我專業提升的時間，另外 10 天就是我可以休息陪伴家人的時間了，我大概可以感覺到這樣的數字中所代表的餘裕。

寫到這邊你也會發現一件事情，年收一百與兩百在營運與規劃上的複雜程度的差異，其實光我寫這兩段的字數就有天壤之別了，年收一百我就只有一百字以內的規劃，但是要年收兩百萬？我寫了三百多字，整體的複雜性就高了不少。

然而，要是我們想要年收以 300 萬為基礎，那就會有點難度了是吧？一個月起碼要八場企業內訓的邀約，平均每周兩場的邀請，容易嗎？根據我自己過去的經驗是可達成的，但要是我想要多一些保障，那我其實還可以再做每個月的讀書會，假如每場 500 元，每場來 15 位就是一個晚上在創造 500 x 15 = 7,500 的獲利，再乘上剩下的九個月，等於這讀書會的營收項目會在這一年幫我帶來 67,500 的獲利，他可以抵銷的風險大概就是三場企業內訓不達標的風險承擔，但是你思考一下，每個月一場的讀書會只能底兩到三場企業內訓不達標得情況，感覺，不是一個好的項目，我就應該要調整這個營收項目。

也就是說我可以再規畫一場公開班，最近在籌劃一場「簡

報之前的精準表達力」的公開班，預計一個人收六千，一班二十人，有報名十人就好，預計一季一場，也就是今年還剩下三場的空間，那我們來看一下這個營收項目：

好的情況：20 x 6000 x 3 = 360,000

一般情況：10 x 6000 x 3 = 180,000

最起碼可以幫我帶來 18 萬的營收，可以 cover 六場企業內訓的額度，也就是說這九個月中，我有六個月的次數是可以少一場也沒關係，看樣子還可以，但是未達標的機會還是不小。

所以我想到到年底的時候，起碼十一、十二月我可以開「職涯履歷策略」課程，收費定價與「簡報之前的精準表達力」一樣，所以這時候就會再增加 18 萬的獲利，運氣好，招生好一點的話營收可能可以破 50 萬。

那基本上，我就可以確保一件事情，今年的營收可以破 300 萬了！

- 策略思維商學院：1.5萬 x 25 = 370,000

- 陪伴式講師訓：3萬 x 2梯共25人 = 750,000

- 企業內訓（管顧）：一個月4+4 x 30,000 x 9個月 = 2,160,000

- 精準表達力：10 x 6000 x 3 = 180,000

● **職涯履歷策略：** 10 x 6000 x 3 = 180,000

總營收等於 3,640,000 （數字上有一些彈性）

　　這些營收項目我會逐月看看是否有達標，或是看看目前的營收預估中哪邊的風險比較大（目前可能是內訓 8 x 9=72 場的數字有點風險）其他都應該達成率算高的，加上我在目標上有 64 萬的彈性空間，這樣達成率似乎就穩了，或是把 64 萬當作是我的營運成本（講義、場地費、軟體年費、交通費與餐費），真正的往淨利 300 萬走，這也是我在企業內訓中教授的目標管理。

關鍵決勝點 ● ● ● ●

年度目標的設定思維：三層次的思考策略

● 新營收項目的達成率思維

不只一位職業講師，甚至一家企業都應該這樣做，在年底時就要規劃好自己的隔年年度目標，只是當我們規劃好年營收是 100 萬時，我們就把目標放在 100 萬去做規劃，你覺得到了 2022 年我們的目標會達成嗎？答案是不會的！因為任何事情都會有執行上的達成率或是意外，所以當你的目標是 100 萬時，你真正要規劃的目標起碼要是 120 萬，這是新營收項目的達成率思維。

● 既有營收流失率的思維

所以當我們年度目標規劃好 120 萬時，我們就可以達成 100
萬的獲利嗎？其實我也可以跟你說，不可能，因為在營收規
劃時還有一個重要的概念就是既有客戶不跑單（既有營收
如何持續）的策略，所以要就是你要再調高你的營收目標，
要就是具體的規劃出一系列的執行去確保既有客戶不會跑單
（找別的講師）的情況，這是既有營收流失率的思維。

● 明確思考數字缺口在哪裡？

這時我相信你會說，那我就直接加碼 50 萬的目標就好啦？說
真的，的確如此，也本應如此。只是會讓你做兩段式的思考
就要讓你知道這些數字的缺口到底是具體是從何而來，是新
營收的達成率？還是既有客戶的流失率？當你清楚這兩個方
向時你的整體規劃才會明確，而不是只是單純的追著數字跑，
你有沒有讓既有客戶知道你專業底蘊的成長？你可以寫電子
報讓那些既有客戶知道你的成長，甚至你新開發的課程，不
是嗎？還是你要去某些特殊族群的臉書社團去經營一些新的
曝光，搭配這社群的專屬課程，來幫自己做到新營收的轉換？

一年的計畫應該要從營運目標去思考，再解決落差

　　一位職業講師應該要年初為自己訂下年度營收目標。所有的事業都是先財務可行之後再思考事業可行，而我每年也都是在這樣的規劃之後，大概就可以知道自己今年的獲利會在哪，之後就是按照著時間與能力，去完成這些項目的服務品質與課程品質，這時候你會發現生活是可以被規劃的，這就是一種餘裕。

　　根據自己的現況去思考我們該達成什麼樣的年度目標，就去策畫自己今年的工作事項，像是假如我要有新的營收，我就要去準備精準表達力的課程內容，讓日後這個營收項目成真，而職涯履歷策略的課程我其實已經開過了，這時候我只要事先找找可以合作的通路，就可以確保之後課程的招生是穩的。

　　餘裕是一種走的每一步都是明確目標的狀態，你知道你現在的狀況、未來的目標，你也知道中間的 Gap，接著你慢慢的執行，弭平中間的差異。就像是，你知道年底要開職涯履歷那可能在九月就開始分享一些關於職涯的故事，去創造聲量與喚醒使用者對於你這塊領域的專業印象，這樣才能確保最後兩個月的開課是有意義的。

另一個方向的思考，有些學生可能會說：「老師我看了你的營收目標，我覺得很棒也想要效法，但是我才剛出道我開的講師訓應該不會有人來吧！那這樣的規劃不就沒意義了？」餘裕是要懂得從自己的現況中，去設定一個適當的年度目標，你們所看到我的每一個產品線的營收是好的，但是你們也要知道你們看到的是 2021 年我的狀態，卻沒看到過去講師訓我辦了多少場、試講了多少次，是否也曾懷疑過這課程那邊可以更強化？這樣的路程走了起碼三年，所以今年的講師訓可以穩穩的招生。

所以我讓大家看到我的年度營收計劃就是要讓大家去思考，有哪些是我現在可以做的，有哪些是我醞釀、籌備一下明年就可以執行的項目，逐步的調控自己的營收目標與營收模式，你就會慢慢的知道生活中的節奏感可以如何規劃出來。

很多職業講師的迷惘不就在於從來不知道自己今年會賺多少？所以有課就硬塞，把自己漸漸的操到爆，所以就體現出了那句話「講師不是餓死就是累死」。

所以我都會給年輕的講師一個階段性的建議，先以一百萬為年收目標，要是今年可以順利達成，生活有些餘裕，那我們再往兩百萬年營收為目標，這時候你就會發現，可能今年最後還是有撐到兩百萬，但是有點不穩，而且自己的生活有些辛苦，

那我就會建議你明年目標依舊是兩百萬，但是你就要自己去思考我們該做什麼樣的事情可以讓這兩百萬賺得更輕鬆，幫自己永遠保留生活的餘裕感，而不是盲目的去追求過高的營收。

真實的世界其實是這樣的，你有多少能力，營收就會有多高。而且當你越有時間去思考自己今年或是明年的目標時，你一定才會發現「要是無法留有餘裕的生活，就不會有時間思考策略與規劃」。

你會過於勞累與迷惘的活在努力中，不斷的努力卻不知道何時可以休息，要懂得槓桿新的商業模式與高單價的課程，你的生活才會從窮忙中跳脫出來。

最後給大家一個參考：

年薪一百萬：企業內訓做兩年就可以達標了，但是要是一些講師是走公開班的，那你就要懂得產品研發，可能是你走上下一階段最關鍵的事情，也就是進階課程的研發，或者一對一諮詢的服務模式。

年薪兩百萬：就要開始有自己的公開班的收入會比較快速的達標，所以一開始是走企業內訓的講師就要開始懂得經營自

己的公開班了，而一開始就是公開班的講師自己的產品線就要具備初階、進階與教練模式，或是像我一樣規劃一個長期陪伴式的服務，走到一個有高單價課程的狀態。

年薪三百萬：你勢必要懂得使用一些新型態的商業模式（線上課程或訂閱制），你才會活得比較輕鬆，我會建議最好要有三年的根基（專業與社群聲量的經營）你的新的商業模式才會有比較穩定的收益與生活中的空閒。

年薪四百萬：要是你懂得達標三百萬的方式，那四百萬已經不是什麼問題了，把理財放上來吧！你已經是一個有本事創造本金的講師了，你會有更多的方式去思考如何用投資理財的方式優化自己的生活了，也因為你有創造本金的本事，你會發現很多的投資工具對你來說幾乎都是可行、低風險的，因為你已經可以不用擔心的淨現金流的問題了，放長放短都可以。

NOTE

【作業設計】盤點目前的營收模式，列出明年營收目標

請盤點你目前有的營收模式，列出你明年想要有的營收目標，列高一點讓這數字有挑戰性，然後從今年開始準備，填補自己的缺口。

很多人都在說某件事情是不可能發生或達成的，講師這行業比較少有這方面的問題，只是看你的準備期有多長？明年的營收目標可以在今年 7 月就開始準備嗎？當然可以，因為我就是這樣做的。

營收比例決定了講師的策略與未來發展

　　而我們在訂年度營收時，營收比例就是我們對於策略最具體的表現，簡單又明瞭，這邊我們先來看一個講師的 200 萬年度營收目標設定的樣本。

● 主要營收項目

　　企業內訓：40 場 x 2.5 萬 = 100 萬

　　校園邀請：80 場 x 1 萬 = 80 萬

　　政府單位：20 場 x 1 萬 = 20 萬

● 營收彈性項目

　　讀書會：12 場 x 2 萬 = 24 萬

　　一對一諮詢：24 場 x 5 千 = 12 萬

　　也就是說這位講師的年營收規劃是 236 萬，扣上一些達成率與流失率，這目標有機會達成 200 萬，但是你們思考一下，這樣的營收目標是好的，但是營收比例是好的嗎？

　　什麼是好的比例？就要回歸到每一種營收模式的特性，請大家仔細閱讀一下，下面這個表格，去思考這位講師在 2022 年的時候，他的生活情況是如何？你覺得這樣的營收比例是最佳解了嗎？不是的話，你會在 2023 年怎麼幫他調整呢？

營收模式	擴充性	營收	準備期	策略性
企業內訓	以目前一年 40 場來說，還是有起碼一倍以上的成功空間，擴充性優	中等	準備期要是你的定位明確，準備期其實不多，越上越熟練	一般，就看自己產品線的規劃
校園邀請	目前 80 場，說真的當然可以擴充，但是考慮營收能力低，建議不要，甚至減場，否則太累了	低	同上，越熟練越輕鬆	高，因為很多想要嘗試性的主題與運課方式，都可在校園中測試效果
政府單位	基本上同上，20 場算是一個上限了，接多了自己就庸庸碌碌了	低	同上，越熟練越輕鬆	中，因為已經是類似企業內訓要求，課程品質穩定性高
讀書會	每個月一場，已經是上限了，過多也做不好。營收的高低是看講師自己的行銷能力與產品品質一場兩個半小時的讀書會 500 百 x 20 人也是一萬	中	讀一本書的準備期長短，會決定讀書會的價值，我目前最快是三天就可以準備好	優，讀書策略要是明確的話，邊提升講師自我的能力邊可以獲利，又可以演練運課技巧，累積教學素材
一對一諮詢	24 場一對一諮詢，其實成長空間還很大，只要單價可以維持在 5k/hr 就可以再擴充，因為已經等同於一般管顧合作的終點上限了	中	底蘊要夠，才有辦法一對一諮詢，所以一開始會比較受挫，但是一樣越練越輕鬆	高，因為可以深度的瞭解學員的需求，有點走到個案分析或是顧問形式的演練了

這時候我相信各位講師朋友一定第一個檢討校園場次過多的問題，所以接下來我們只要思考，要是我們把這 80 場，降低為 40 場的時候，在營收上就短缺了 40 萬，但是你手頭上也增加了 40 天的時間資源，剩下來只有一個問題了，你要把這 40 天投資在哪一種營收模式上？來達到比校園場更棒的情況？

舉個例子來說，一對一諮詢一個小時五千的話，單價就是比校園場高多了，一場校園演講頂多一小時 2000，但是一對一諮詢是一小時五千，這就有可能利用一半的時間卻可以創造更高的獲利，而且相較於校園場，一對一諮詢的客戶反而更容易建立深刻的情誼與信任，甚至主動感謝你的專業，所以你就應該把這 40 萬的短缺變成一天諮詢兩場，上午下午晚上共兩場一次兩小時，可以在 20 天填補 40 萬的短缺，而且工作時數更少。但是當講師初期不要怕累，我會把多出來的 20 天拿來好好的行銷我的一對一諮詢的服務品質與個案分析，累積我的網路聲量與口碑。

這就我用來規劃與思考我的年度計劃時，在營收比例上的策略思維。

第二章

商業模式篇

2-1

講師營收階段計畫：
100 萬你應該做的事情

對職業講師來說現在就是一個最美好時代

我常說對於職業講師來說：「現在是一個最美好的時代」，我知道你會想接下一句「但也是一個最糟糕的時代」？不過，並沒有，我沒有看到什麼糟糕的情況。他就是一個最美好的時代，只是看你如何地運用這個時代給我們的優勢與紅利。

紅利一、社群時代，直接連結客戶的時代

社群平台讓我們直接連結了客戶（學員）也幫我們扛下了部分的課前行銷與課後社群經營所需要的功能，像是臉書社團、LINE 群組等，可以讓那些已經相信你專業的學員持續收到你的訊息，與建立學員與學員間的社交連結，建立成一個有黏著度的社群，像是臉書社群高手梁廷榜，Email 電子報經營的蕭景宇，或是 LINE@ 的許涵婷，都是大家可以去結交與認識的社群經營高手，年輕又富有經驗。

在講師圈也有現實的一面，那就是誰掌握了學員，誰就有影響力，而對學員的經營就變成這世代中可以彎道超車的關鍵能力之一。

紅利二、知識經濟時代，知識商品化

線上課程的接受度提高了，尤其疫情之後市場接受度更高了，知識開始可以走向商品化了，而也只有商品化，一個事業才可以走向規模化，服務則不太可能。

更關鍵的趨勢是，既然是商品，那就有所謂的產業鏈產生，所以像是原本主業是簡報設計的「簡報藝術烘培坊」，靠著他們在簡報設計上的高品質，目前也提供了一項新的服務：協助線上課程拍攝與規劃。其他像是協助知識萃取的「透鏡數位內容」、「檸檬知識創新高永祺」也都是一群知識經濟時代下的專業人士，可以協助講師完成自己課程的商品化，跳脫線下課程時間與地點的限制。

但是這兩大紅利下，可以善用這些時代紅利的職業講師其實不多。

而這年代說穿了總結也只有一句話：「服務高價化，商品規模化」，這就是一個職業講師最基本的策略方針。

而這一篇中，我則是著重在服務高價化上，商品規模化則會在後面篇章，進行不同商品（商業模式）的細部說明。

高價化策略：從建立與管顧的合作關係開始

對於一位講師來說，線下講課就是服務，而服務其實是無法規模化的。

因為他受限於時間、地點與人數，一位講師他受限於一天八小時的時間，你沒有辦法長期在一天中上更多的時間，你的精力有限；而一位講師再怎麼有名氣，他也無法同時分身出現在台北與高雄授課，一位講師一次只能出現在一個地點；考量授課地點的大小、行銷能力與課程操作的手法，你也會發現一門課的人數上限也是明確的，你很難次次百人以上授課。

所以從三個角度來看，其實我們應該就可以很清楚的知道線下課程是有營收上限的，所以等下我們會稍微試算一下，一

位職業講師的可能營收狀況，而當我們看完了這些試算之後，大概也會清楚為什麼那麼多人想要走職業講師的這條路：「因為當你是一個已經營運兩三年的職業講師時，就算是純走服務形式的講師，營收條件應該也都不錯了。」

反觀要是沒有達到這樣營收水平的職業講師，就可以從中思考一下自己欠缺的是哪些思維、原則與能力。

企業內訓講師，主要客群是企業主，接單的形式有兩種，一種是透過管顧公司，一種是企業直接找講師邀課，這邊可以給大家一個基本行情做參考，管顧公司他擁有企業人資的人脈與關係，所以有些企業年度教育訓練計畫完成後，是會直接將需求丟給管理顧問公司，所以一般講師幾乎是接不到企業直接給的訂單，因為人資之間的 KPI 與甘苦，真的是年輕講師不會懂的語言與專業，管顧公司常常是利用統包的方式協助一家企業的人資尋找講師，所以即便是有名氣與累積的講師也有可能收不到企業的訂單。

所以對企業講師來說，勢必要懂得經營與管顧公司之間的關係，否則你無法拿到長期穩定的企業訂單。

　　以這樣的情況來說，管理顧問公司的報價就是一位企業講師的營收天窗（剩下抽趴），而一般來說管顧公司對於一位有所累積的講師，一小時鐘點費的報價大概就是一萬上下，若是非常知名的講師可以高達一萬五，菜鳥講師的對外報價可能落在 6000 ～ 8000，也就是說平均一天七小時的課程報價可以走到一天七萬元（這是指管顧的報價）。但是，以初期的講師來說你可能只會收到三千元的分潤，兩三年有些累積之後大概也只會走到四千到五千左右的分潤，講師與管顧的分潤比例 3：7 到 5：5。

　　說到這邊，我相信有些講師會驚呼：「為什麼管顧拿那麼多？」那我只能跟你說，因為他們要長期經營多家企業的人脈關係，需要非常大量的營運成本養業務團隊，所以不會不合理，真的，你自己長期經營多家企業的人脈關係之後你就知道這價格是合理的，以一個員工兩萬八的月薪來看，只要五位員工每個月就會燒掉 14 萬，還不包含變動的獎金或是固定的辦公室租金、水電，我們要懂得分工與分潤，這市場才走得久。

試算：所以一位菜鳥講師透過管顧接課程，一天的鐘點獲利大概如下：

3000 x 7hr =21,000

也就是一天兩萬一，而假如你的年收目標是百萬，那就是一年你要講五十場課程，也就是一個月大概四、五場，每週一場邀約的情況。

而要是運氣好呢？有些企業直接指名你呢？你現在要報價多少呢？一萬嗎？

這時候給大家一個參考，有些企業在課程結束之後是要產出課後滿意度調查報告的，這包含課程中間學員上課情況、課程中階段性產出的記錄，這些原本也是管顧公司協助處理的，所以要是你沒有提供這方面的服務，或是你不知道這些報告的格式，那就表示這些 loading 會回到這些企業的人資身上。所以要是我自己的經驗，我就會報到一小時 8,000 元左右（偶而針對課製化的程度再調高些許），讓邀請我的企業與我一起分享課程中的利潤，因為他們會負責很多的行政作業。

試算：一位有知名度講師直接企業指名，那這樣一天的營收就會變成

8000 x 7hr = 56,000

也就是說一天的企業直接邀請，就可以抵一般與管顧合作兩次以上的獲利。這時候你就知道，一年只要接到四場企業直接指定的課程邀請，那就是 224,000 元的獲利。

　　但是殘酷面也要先說，一開始的兩年，可能一場企業直接指定都沒有，所以初期不能把他當作穩定獲利來看，兩三年之後才會有直接指定你的老客戶。此外，更要切記的是直接指定客戶的確是高單價，但是大多數的情況下是低頻率的。中小企業一年跟一位講師合作的機會大概也只有一個專業課程，就一場的情況，對！一年就一場。

　　而與管顧的合作呢？所以管顧有長期的經營企業關係，對於講師品牌的推廣就會變得外分重要，因為課多的時候管顧搞不好一週七天都給你安排課程，安排到你都不想接了。所以與管顧合作雖然是走較薄利多銷的方式進行，一來也沒多薄利啊！二來管顧公司也是講師初期最關鍵的主要營收來源。

　　在這樣的操作下，一位年輕的講師一年的獲利以百萬來思考的話，會變成這樣：

● 四場直接邀約：8000 x 7hr = 56,000 x 4場 = 224,000，二十多萬的營收。

● 100萬 - 20萬 = 80萬，80萬/ 2萬 = 一年40場的管顧合作邀請。

　也就是一個月三場管顧合作，一年有機會接到四場直接邀約，就可以達成年收百萬，也就是一個月工作三～四天即可達標。

　　反之，要是你沒有企業直接邀請，你的課量就要回到一週一場的水準了。要是沒有特別的經營個人品牌與專業的手法，直接邀請的數量可能幾個月才一場而已，說真的哪一門課是全台灣只有你可以上的？線下課程基本上每一個科目上都已經有上百位的講師存在了，你要確保你的競爭力是足夠的。

**請不要相信一次性的邀約，更不要為了一次性的
邀約開心，因為這才是試煉的開始。長期穩定的
營收才是講師第一步要做到的事情。**

高價化策略：高品質帶來高回購率，講師的唯一 KPI

**講師的存活不是靠一家企業一次性的邀約，我們
是靠企業的回購次數生存的。**

　　所以跟大家分享最重要的觀念，一位講師千萬不要滿足於課程滿意度調查表的分數，那是沒有意義的，那是企業人資對於這門課行政制度上的基本條件，卻不是「再次邀請」我們講課的真正關鍵，因為有些人資看得出來這些滿意度是貨真價實

的改變了學員，還是只因為營造出了一個開心輕鬆的上課氛圍而來的。所以對於講師而言，要懂得謙卑，那些大企業的邀約是對你的認可？還是其實只是給彼此一次機會合作而已？

要是那些大企業沒有重複邀課，其實也就是在說：「不好意思，這次的合作基本關卡過了，但是沒有想要繼續合作的意願，學員的具體成效可能還不夠好。」要是有五家企業沒有重複找你講課，就表示你大概被這五家企業淘汰了，或是你並沒有讓他們留下驚豔的專業，他們可能繼續換講師來講這門課。

一位職業講師不要滿足於企業邀約，我們要看的是回購率。

而當你有高回購率的課程之後，你的眼光才可以看遠一點，你的胸襟才能大一點，因為我看過很多講師會說政府單位或是學術單位的鐘點費永遠都是兩千，或是一些公開班開課單位給三千的鐘點費，講師似乎都不滿意，但是說真的，就算是一小時兩千，一天七小時的課程也是一萬四，一個月工作二十天，也是二十八萬的月收耶！要破百也是做得到不是嗎？

回購率的另一種變形則是：現場導購率。

許多講師愛抱怨的政府單位與學術單位的課程中，有一個很有趣的特性：就是其它一樣有開課需求的單位，或是學校的負責人會跑來聽課，也就是說台下除了學生之外，還有其它的

開課邀請單位在台下聽課，所以往往一門課講完，你就會收到學員遞出來的名片說：「老師好，我們是 _____ 單位，希望有機會可以邀請講師來我們單位進行演講。」現場，就成單了。

我自己有統計過在自己講師經驗第三年後，我的現場導購率，包含公開班、政府單位與學術單位，保守的來說大概是 70～60%，也就是講十場平均會額外收到七場邀約。這也是為何我在當職業講師第三年時課量就超過兩百場的原因了。

高價化策略：建立課程規格上的提升

所以我們階段性總結，一位講師一年管顧邀請要有五十場，年薪才能破百，那我們來思考一下，要是沒有五十場（相信看完之前的說明，你會知道這也是一件不容易的事情），初步的職業講師要往哪個方向繼續培養自己的產品力呢？

除了產品品質的自我提升之外，跟大家再分享一個概念，讓你可以變成一年只需要被邀請 25 場即可：

那就是將你的課程規劃從一天七小時的課程，變成兩天各七小時的課程就好。

　　說起來很白癡，但是你要知道那不是增加七到六小時而已，而是你在課程規劃與本身專業能力上的提升，與這兩天課程中階段性產出的規劃巧思。

　　我自己的作法很單純，就是一天講課學員最多 36 人（6 人 x6 組），課中包含每組的分組演練，以組為單位，一班大概就是維持在六組以下，這樣的形式也就是所謂的工作坊。第二天則是以個人為單位，每一個學員上台演練 10 分鐘講師點評 20 分鐘，也就是半個小時一個學員的進度來規劃，一天七小時的課程就可以一對一輔導 14 位學員。那基本上你的每一次課程邀約可以幫你帶來的獲利就加倍了，即便是和管顧公司合作都可以帶來近五萬的獲利。

　　也就是說只要你每次課程的邀請是兩天的課程，年薪要破百我們一年也只需要二十家企業的邀請就夠了。

● 關鍵決勝點 ● ● ●

但是這樣的營收模式並不是算術問題，而是資格論，一位職業講師需要可以即時現場的跨產業、跨產品、跨層級的去點評每位學員的產出，針對他們不同的個性與產出優勢去做強化與補強，並且讓他們都收穫具體，開心接受你的建議，並且一天七小時不間斷的維持這樣的點評水準。

要是遇到很願意付出的企業，甚至會安排兩到三天的一對一

演練與輔導，但是這樣子的課程一般企業是不會在第一次合作發生，因為他們根本還不知道你的專業與運課能力，所以這樣的情況大概就是有回購的企業比較容易談成，或是在該領域中經營三年左右的講師才會有這樣的課程形式，因為與學員一對一諮詢演練，講師需要的能力就更深了，這就不只是單純的數字，而是很深的底蘊、步驟與流程的細部規劃，才有辦法承接這樣的課程形式。

深度落地的教學：專屬客製化，直接整合進企業

而職業講師教的東西能直接轉化運用在學員工作上的程度，也是一個很關鍵的思維，就是以專屬客製化的方式來經營與一家企業的關係。

有些講師會花時間直接研究、套用該企業的產品、實際案例做教學，直接讓學員知道怎麼轉化運用。或是課程中的一些工具、表單、方法是可以直接套在工作上使用。這樣對企業來說加分很多，如果是大企業很多東西都有一定的流程、制度、規範，會需要花時間研究思考如何在不變動他們既有的流程時，把自己的東西融入，加強、優化或協助達到更好的效果。

所以我們總結一下：即便是最單純的職業講師商業模式，

你都會發現要是有好好的經營，三年內要破百萬不是一件困難的事情。你只需要好好循序漸進的經營這四件事情：

- 一、與管理顧問公司建立長期合作關鍵，作為長期存活的關鍵合作對象。

- 二、培育專業跨領域跨階層的底蘊，提供一對一演練服務，再提升一倍獲利。

- 三、聚焦課程產品力，提升單一課程的回購率與現場導購率，一課帶一課，需求接不完。

- 四、建立多重產品規格，提升單次交易總金額。

　　如果你經營了幾年的職業講師生活，但是年薪還沒破百時，你可以試著反思自己的產品專業力是不是有完成這四件事情了呢？

2-2
講師營收階段計畫：200 萬你應該做的事情

如何從 100 萬營收開始往上提升？
讓職業講師成為穩定職業

在繼續說職業講師營收 200 萬的計畫前，我想幫年營收 100 萬的階段做一個總結：講師有三年經歷、可以規劃出兩天的課程，就一定可以達標，而如果講師可以規劃出三天的課程就會往 150 萬走去。

但是，這階段最關鍵的就是課程的品質與講師自身的底蘊，關鍵的指標就是：

● 企業的回購（三到五家企業重複指定，長期客戶關係的建立）

● 公開課程的現場指定採購率（起碼30%要有，也就是三次公開場合授課，不論形式都要產生一張新訂單）

以我自己的產業：商業簡報來說，我正式進入講師圈的第一年的營收已經破百了，但是說真的，當時的我對這樣的數字

其實是沒有一種穩定的感覺，因為懷疑第二年會持續這樣的營收嗎？還是會下跌？還是會再提升，對於那時候的我是無法確定的，即便之後真的第二年我的營收還是上升，但是說真的這些都是數字而已，我依舊沒有一個覺得這是可以做一輩子的事業的感覺。

在簡報圈有個好處是，這是長期的需求，總是有市場在，但是另外一面也就是總是會有新的競爭者，不是嗎？而且簡報圈中各式各樣特色的優質講師其實很多，後面我會簡單整理給大家看，你就會知道其實這市場的競爭是穩定的激烈，是長期競爭狀態。

而真正讓我對於講師這個職業的獲利感覺穩定的瞬間，認為可以成為我一輩子的職業的原因，其實是還是回到回購與現場指定率。

在這樣的數字背後，真實的狀況是我真正的和企業的人資、管顧建立了一個非常好的關係，我們會一起坐在辦公室中討論著這家企業目前遇到的問題，彼此對於一些現況的疑惑與想要突破的心情，三方同時為了企業的未來與員工的現況擔心，並規劃思考自己可以付出的心力，思考如何解決問題，而這樣的討論進行了兩年、三年，我也才發現：

自己和一些企業的關係建立了，綁定了，是這些
很真實的接觸才讓我對於這個市場的穩定性有了
心安的感覺。

講師應該知道的知識經濟下營收模式總整理

而當心穩定下來之後、當確定好了自己課程的產品力與自
身的底蘊之後，其實我也才心有餘力的進行另外一種商業模式
的經營。

我先整理一下在這個社群與知識經濟的年代中，我們有哪
些除了上課以外的營收獲利模式？這邊我就不提產品（課程）
的品質，因為品質不好，基本上，所有的營收模式都沒有用了。

	營收模式	獲利前題	營收特性	年度營收
服務	公家單位與校園演講	在一些社群中開始公開的經驗分享或是有讀書會的分享，在過程中被這些開課單位的朋友看到，並提出邀請	固定價格約一小時兩千元，通常是三個小時左右的課程邀請，一天的課程其實頻率不高，除非你已有一定名氣，也就是一次大概是 6000 ～ 12000 左右的營收	假如要達到 50 萬的營收獲利你要收到 45 場以上的邀請

	營收模式	獲利前題	營收特性	年度營收
服務	企業內訓 - 管顧	可直接上網查詢台灣管顧公司，或是在一些社群中上台分享自己的知識與經驗，目前年輕的管顧有時會從社群活動中去尋找合作對象	價值實惠，但是可逐年累積，量體可以很大，算是講師存活最基本的能力。根據你的課程規劃能力，一小時三千到五千，一天七小時課程計價約 2 萬到 3 萬不等	一月四場月收 8 萬年收 96 萬
	企業內訓 - 直客	已經經營講師兩年以上比較有可能會有直客，直客就是企業直接找講師上課，並沒有經過管顧，所以你的數位行銷就要做好，否則根本沒有人資找得到你	價格好，因為沒有管顧抽成，但是也要看企業大小決定鐘點費，初期一小時六千到八千，一天七小時課程計價約 4 到 5 萬不等，但是初期頻率極低，可遇不可求，不可當主要營收	一季兩場年收 40 萬
	公開班	已經經營自己的粉絲頁（3000 粉基本）或部落格一年以上（20 篇文章以上），會比較容易招生，另外就是要懂得盤點你自己精準客群分布在那些臉書社團中，要懂得經營與社團的關係	價格高，但頻率低，以月為單位有時候都嫌高了，以初期定價一天七小時的課程約三千到六千，招生 20 名學員的話，就是 6 萬到 12 萬的獲利，一季一梯的話年收可以到 24 萬到 48 萬，但當你公開班經營得好時，那就成為一個獨立事業了	一季一場年收 60 萬
	訂閱制	除了一年以上的社群經營基礎外，可以搭配階段性行銷，逐步強化銷售力道（贈送的講義），同時利用選書策略作為最關鍵的行銷動能，建置效率最快	價格一般，但切記營運成本要低，在所有的商業模式中訂閱制策略性非常高，可以獲利、曝光、提升自己的專業、承接不同市場的學員，成為一個長期經營學員關係的模式，定價多元，但以讀書會會一個月 500 的形式進行	會員 500 以 30 會員計每月 1.5 萬每年 18 萬但延伸效益高

	營收模式	獲利前題	營收特性	年度營收
產品	書籍撰寫	一本書的字數約 8 萬字到 12 萬字都可以，書籍可以結集部分過往網路上的文章加速文章的撰寫，而階段性內容也可以曝光於社群製作聲量與行銷書籍銷量	價格低，一刷的版稅約 5-8 萬，看你與出版社談的條件高低，但是書籍所能代表的專業度與線上文章還是會有很大的差別，有書還是有差，很多粉絲就是希望手上有本書，而且書籍可以打到一些數位經營上無法打到的客群，是一個關鍵通路	一刷 5-8 萬銷量決定獲利，初估兩刷就是 10 萬一年，隔年銷量重計算
	線上課程	社群上面的經營是基礎，建議一年以上，產品力先不顧的話，最關鍵就是選擇線上課程的平台，平台的行銷能力、定價與既有 TA 輪廓決定了你的課程的銷量	募資期間定價 1800，平台抽趴 50%，正式價格 2500，平台抽趴 30%，日後自導流量平台抽趴 10%，通常一個好的線上課程募資期間的銷量是 500（中等），初估可以這為目標，日後每月銷售 5-10 份自己要推廣，以此計算	募資期間為 90 萬，分潤之後為 45 萬 募資期後約一個月 1 到 2 萬不等
曝光	Youtube	影音內容規劃，營運成本高，會吃掉非常多的時間去設計腳本，基本上為數非常少的講師才有在經營，個人目前沒有經營這塊	獲利門檻，要成為 Youtube 的合作夥伴，條件為：一、訂閱數在一千以上。二、過去一年中，累積四千小時的觀看時間。符合這兩個條件，才可以申請成為 YouTube 的合作夥伴	看經營在破 80 萬訂閱後有機會年薪破 100 萬
	Podcast	聲音型的行銷通路，算是挺自在的，採用預錄的形式將語音錄製好定期撥放，有些也是採取訂閱的方式收費	但是建議以講師來說，真的可以考慮將 Podcast 當作是行銷管道而非獲利方式，讓曝光最大化，在用其他高單價的營收模式獲利就好。	不計營收

	營收模式	獲利前題	營收特性	年度營收
曝光	Clubhouse	現場直播的聊天室，非常建議講師都要去經營 Clubhouse，除了可以有曝光之外，我覺得最關鍵的是可以鍛鍊講師的臨場反應與表達能力，是非常好的鍛鍊情境，又可以讓自己曝光	建議方式同 Podcast，剛好 Clubhouse 目前也尚無官方獲利模式，所以就好好的經營曝光最大化，另外因為是現場的聊天其實對於建立粉絲這件事情有一些不錯的優勢，可以即時的互動加上聊天的過程中其實蘊含的講師的個性，更容易讓學員知道講師的本質，轉單率意外的不錯	不計營收以擴散為主

為什麼我們要使用多重的營收模式？

當我們盤點好這些不同的營收模式的特性時，其實很多事情就簡單了：

講師若是想要比較快速的增加自己的營收，其實就是利用不同的營收模式堆疊出自己的年度營收。

我知道一位講師當然可以一輩子不用線上課程，一輩子不用訂閱制，也可以不用鳥 Clubhouse 這些新起的行銷通路，依舊可以在幾年的努力經營下達到兩百萬的年收，只是差在三個點：

一、個性，像是我自己就是非常喜歡嘗試新的商業模式的人，所以有了新的商模，我都會想要嘗試一下，挑戰自己，我沒有辦法讓這些新的商業模式從我眼前流過，而我一點也不嘗試。

二、效率，所有的努力與獲得都會有所謂的 80/20 法則，商業模式也是，當你的講師企業內訓的邀請越來越多時，他的成長量就是會有一定的限制，因為即便是管顧幫忙邀請課程，或是企業直接指定，都會有營運與溝通的成本，從簡單主動的企業開始服務到一些比較沒有顯著需求的企業，成案效率就是會遞減，所以我的習慣是：

每一種營收模式成長到一個臨界點的時候，開始經營另一種模式，享受每種模式最高效率的時間點。

等一年過後，自己內在的基本能力與外在聲量再提升時，每種商業模式又會再出現更高一點的甜蜜點，再做一個整體性的成長。

三、形式，「服務高價化、產品規模化」就是一個絕對的關鍵，線下課程不管是管顧合作的企業內訓、直客指定的內訓需求，或是公開班，雖然營收模式也都不算差，但是他的天窗就是你的時間、地點與能力，而線上課程或是訂閱制往往都解

決了一些營運面上的問題：

線上課程就是創造營收的高鋒、訂閱制則是幫自己帶來長期曝光與穩定的現金流。

　　關鍵是訂閱制的穩定收入與線上課程的被動收入，都是會影響講師一生目標設定，因為只有商品化才有機會規模化，像是我的線上課程就是即便我在睡覺的過程中，不斷的在網路上利用臉書廣告投放，進行課程的銷售，這就是被動收入，與線下課程的營收同樣，但是付出的勞力卻是截然不同，而這次第二次疫情的蔓延帶來的課程取消，我的營收目標依舊靠著線上課程的銷售達成了，讓我可以在這段疫情中更專注的研發我的下一門新的線上課程。

　　其實不同的營收比例，就是策略彰顯最簡單的方式，也是職業講師對於生活與工作平衡上的掌握，線下服務就是用時間換取金錢，只是看不同的形式換取金額的大小，所以對我來說營收一百萬到兩百萬之間就是專注在線下課程的鍛鍊：

● 與管顧合作的企業內訓營收：96萬

● 與企業直接合作的企業內訓：40萬

● 搭配每季推廣的社群公開班：60萬

● 年收共 196萬

你就會發現就算考慮達成率不可能百分之百，但是破百似乎已經是輕而易舉之事了，同樣的你想要年收破兩百的話，就再增加一個營收模式即可，而我知道你會想要選擇線上課程（約60萬），所以想要了解線上課程的朋友就可以看之後「2-3 講師營收階段計畫：300 萬你應該做的事」這篇文。

而這一篇我們則專注在策略性最強，營收最穩定的商業模式：訂閱制吧（約 24 萬）！

訂閱制創造穩定月營收，解決講師最大痛點：營收不穩定

訂閱制，簡單來說就是由服務提供者規劃出一系列且長時間的收費服務，再由客戶自由選擇付費他所需要的服務，而訂閱制最關鍵的一點就是他們收費方式，每個月針對客戶所訂閱的服務種類，以信用卡的方式每個月自動扣款到服務提供方的戶頭中，營收模式的特色就是一個穩定的現金流。

對於初期的職業講師來說，穩定的現金流就是一個很關鍵的事情，可以讓自己的心是穩定的，不用三不五時的擔心下個月的營收狀況，讓自己長期處於一種焦慮的狀況。所以我都會建議年輕的講師可以嘗試這樣子的服務模式：

● 一方面可以帶來穩定收益，減低生活壓力。

● 一方面也因為自己提供的知識型服務，逐漸地墊高自己的專業，成為更稱職的職業講師。

訂閱制最關鍵的營運思維：管理好營運成本

　　但是真的要經營訂閱制的話，Youtuber 囧星人的個案是我們一定要分析的，囧星人當時在台灣第一個訂閱制平台Pressplay，創下了每個月 27 萬的訂閱金額，也就是說每個月Pressplay 這個平台會從囧星人的訂閱戶的信用卡扣款 27 萬到囧星人的戶頭裡。

　　也就是她每個月會有 27 萬的穩定現金流，當時這個案羨煞了每個對訂閱制有興趣的知識工作者，但是也就是在達到這最高峰的一兩個月後，囧星人宣布停止了訂閱制的服務，也就是她放棄了每個月 27 萬的穩定現金流！

　　我知道，你一定會和我一樣好奇每個月 27 萬的穩定現金流，為什麼要放棄？！根據當時囧星人的說法就是因為太累了，營運的細節過多，就算是 27 萬的現金夠打平她的營運項目，也經營得太累了，當時聲帶也受傷了（要錄製非常大量的影片），而且當初提供了非常多的窩心小服務，像是寫明信片與送小禮

物給她的訂閱戶，同時還有像是演講、講座與社團內直播等服務，讓訂閱制的服務的營運成本直線往上的飆高，當時訂閱戶破千人，你就可以知道要寄出幾百張明信片的 loading 有多可怕，因此相較於她原來的商業模式 Youtuber 接業配的營收來說，營運成本過高的訂閱制就失去了吸引力了。

所以大家在經營訂閱制的時候，千萬要切記「營運成本」這四個字。

你可以提供數不清的服務項目，但是你要思考這樣的服務項目與服務品質持續一年，你做得來嗎？會不會吃掉你所有的時間與精力呢？

　　而我當初自己經營的訂閱制，則是經營到每個月四萬左右，原本也是想再繼續提升到八萬，但是後來也是因為營運成本上的考量，就漸漸終止圖上的服務項目：月報、專屬簡報力、營運顧問，只保留了專業力讀書會這一項目。

訂閱制最關鍵的心法：雙方意合輕鬆做

　　其實那時候也有很多人跟我討論訂閱制的設計機制，我們在規劃訂閱制的時候，有一個非常重要的概念你一定要知道：「所謂的契約就是雙方合意」，只要彼此對於服務的項目與費用有共識，你們就可以自己決定服務的項目與費用。

這邊跟大家分享做訂閱制的鐵則，輕鬆做，只做你可以輕鬆做的項目，任何無法輕鬆做的項目都不持久。

　　因為訂閱制最起碼要持續一年十二個月，也就是說你不能拿第一次經營時的感受去思考這件事情重複了十一個月之後的狀態。

　　所以將每一個服務乘上一年的倍數，而針對這個乘上十二

的計劃，任何一種你覺得營運起來不舒服的項目，你就不要提供！

　　過去有一位專業顧問諮詢我，他說他也有提供一對一諮詢，他聽了我的建議提升每小時五千，但是他說他還是擔心訂閱戶臨時的預約，將自己的時間破碎化，我就跟他說：「把所有你覺得不愉快的部分條列出來，並轉成限制條件，你就可以輕鬆做了。」所以當他說出了碎片化的時候，我們就把訂閱的諮詢服務變成了：「每個月固定某一個周末，他會在同一家咖啡店進行諮詢。」

　　當他固定了諮詢的時間後，碎片化的問題就不會干擾到他了，但是這時候我相信你一定會說：「老師，那樣這個項目的訂閱人數就變少了啊？」

　　所謂的契約就是雙方意合，只要你營運起來不舒服那就不要提供！

　　當訂閱戶無法配合你的諮詢時間時，只代表了一件事情，他不是你的客戶，你也不應該去賺他的生意。因為契約是雙方意合，我們根本不用去思考那些會提升營運成本的項目，因為你也一定做不久。所以即便是大家幾乎都有提供的寫文章的服務，要是你不想要寫，不管是一個月一篇還是一週一篇你都可以不要做，契約就是雙方意合，做你自己最好的市場。

訂閱制搭配讀書會是職業講師最棒的組合之一

　　所以對於講師最簡單的訂閱制是什麼呢？其實就是把讀書會變成一個訂閱制，這也是我當初唯一留下來的訂閱制服務。

　　原因很簡單，因為要是我每個月都要辦一場讀書會，那每一場讀書會的行銷就會成為我每個月煩惱的項目，那為何不找到關鍵的支持者，直接邀請他們參加我的訂閱制，只要他們針對每個月一場讀書會進行訂閱制的付費，那我也就不用每個月再去思考要如何行銷讀書會了啊？這是進可攻、退可守的方式，每個月最少都會有固定的訂閱制成員參加我的讀書會，這是守。而要是我那一個月比較有空，就是行銷我的讀書會讓更多的人現場繳費，提升我每一次讀書會轉換的營收，這是攻。

　　而我也可以跟大家分享，對於職業講師來說：

辦讀書會太重要了，因為它可以同時磨練我的設計課程能力，又可以增加我們專業知識的豐富性與多元性。

　　讀書會的訂閱制我持續了三年，一共讀了 36 本書，每一本書我都製做了 40 頁的投影片，所以這三年一共累積了：1440 頁的教學素材，12 本書 x 40 頁投影片 x 3 年，這是我在講師生

涯中最不後悔的投資之一，這也奠定了我在專業度上的門檻與其他講師的差異化，這幾年偶而會有些客製化需求的課程，我都接得起來就是因為我發現很多的教學素材就在這 1440 張投影片中。

而這樣的過程中，每一年也都幫我帶來了：14 萬元的營收（799 訂閱費用 x 12 個月 x 15 人），然而這也是因為我後來都沒有再獨立招生了，就只服務這些訂閱制的學員，否則每年光讀書會就可以幫我帶來超過 20 萬的獲利（以每場多招生五人就夠）。

而且每個月的讀書會除了累積專業與增加直接獲利的能力外，它更是職業講師的體驗式行銷。

讓那些想要上你的公開班但是還不太確定你的教學風格的學員，可以先用比較低的價格來體驗你的教學品質，進行轉進成你的公開班學員（公開班定價一人六千），這時候你就會發現它帶來的延伸性價值遠比我們想像中的大，而且在我的讀書會中，也真的發生過幾次請學員介紹時，他們就直接跟我說：「老師，我是某某企業的人資，就是想要來看老師的教學風格，所以才報名的。」這時候你就會發現要是轉了一場企業內訓（直客），那可就是最少五萬元的獲利啊！訂閱制是一個長期的承諾，對一位企業人資來說這是一個很關鍵的指標，這位講師對

自我的專業提升計畫、每個月知道可以去哪找他，更可以長期觀察一位講師的成長。

常常有人問我：「如何建立與管顧之間的關係與人脈？」我總是告訴他們：「你要有一個長期穩定的曝光管道，讓他們可以找到你，以極低的成本體驗你的教學品質與專業，那就是一個訂閱制的服務」。

所以我們總結一下訂閱制對於講師的好處：

- 一、穩定的現金流，一開始一定少，但是漸漸你會懂得如何規劃各項服務。

- 二、長期穩定的曝光管道，當有人知道可以在哪裡固定找到你，這樣的承諾是不同於課程的。

- 三、專業素養的累積，由市場驅動你長期的自我提升，決不會後悔的投資。

- 四、課程規畫與教學手法的提升，從不同面向、產業與風格去磨練你的學習能力與教學規畫技巧。

- 五、降低每月行銷壓力，可攻可守的行銷基礎。

- 六、與學員建立長期的關係，這是訂閱制另一種關鍵的價值，因為定期聚會終究會增加對學員的了解。

訂閱制的行銷方式：讀書會選書策略

說到這邊想跟大家分享訂閱制的行銷方式：

一、系列書籍，建構學員與講師的學習地圖

訂閱制是一個長期性的服務，永遠都不能只想說「我這一次要提供什麼，它應該是一個一年期的規劃」雖然這樣的規劃難度會提升，但是這樣的作法才是最好的事情。

反之，一次規劃好全年度的服務項目對於消費者來說，也是好事情，因為他們會很清楚的知道你所提供出來的服務清單，是否明確？是否合理？所以通常一般來說系列課程（產品）就是比一單課程容易轉單，因為整體性的規劃效益才會具體明確。

以我做簡報教學來看，我的年度讀書會可能會這樣規劃，有完整性與深度的兩個方向來說：

完整／多元性：Google 簡報術、IBM 簡報術、麥肯錫簡報術、Toyata 簡報術、孫正義簡報術，這樣的規劃是不是也在說明這位講師的專業力的完整性？

專業深度：簡報內容規劃、簡報中的換位思維、說出簡報幽默力、提升簡報設計技巧、簡報中的商業思維，這樣的規劃

走專業元素的拆解，是不是在這一系列的讀書會中也彰顯了這位講師的專業深度呢？

策略	書單	對學員的效益
完整與多元性	Google 簡報術	利用數據說故事的能力
	IBM 簡報術	簡報商業邏輯性的強化
	麥肯錫簡報術	強化問題分析式的簡報
專業深度（專業拆解）	喜劇大師的 13 堂幽默課	建構鮮明的表達與幽默感
	葛洛夫給你一對一的指導	向上管理了解管理與領導
	服務設計	懂得如何設計出一個整個產品的消費體驗

二、歷屆累積，訂閱就送大禮

很多人問我說，訂閱制要做多久？我只能說要是以一位講師來說，我將一位講師常規鍛鍊（讀書會）設計成訂閱制，所以這訂閱制要做多久？當然是一直做下去啊！

而且一梯的訂閱制招生只會越來越容易，舉個例來說第二年的訂閱制，我就可以設計成「訂閱，送去年 12 份讀書會簡報檔」，多了去年的簡報檔當然誘因就更高了，像我自己已經經營了三年的訂閱制，我在第四年我就可以設計成「訂閱，送前三年 36 份讀書會簡報檔」。

你有沒有發現只要你堅持做訂閱制，每一年的累積都會成為下年度的養分，從這樣的角度來看，你就會清楚的知道自己每一年的累積（專業與市場上的聲量）是如何成長的。

三、製造落差，體驗轉單

我在設計讀書會的訂閱制時，有時候也會開放某單一讀書會（比較有號召力的書籍）的單一報名，這就是階段性行銷，不僅可以帶來更多營收也可以讓更多人以更小的決策成本就來體驗你的教學與專業。

但是這時候你要如何讓單一次參加的學員也加入到訂閱制呢？你就必須要在價格、服務或是附加價值上做出區隔，當然，剛剛提到的送過去累積就是一種方式，當你讀書會運作得很流暢與專業時，一定會有學員會問你：「老師你下一場讀書會在何時？」這時候就可以跟他分享訂閱制的方案，像是：「那你要不要加入我的訂閱制？現在加入還有多送去年 12 本讀書會的簡報喔！而且今年的每場讀書會都還可以便宜 100 元喔！」這時候你就知道當有一位學員已經很欣賞你的專業與授課技巧時，這樣的說法是不是就是一個很有吸引力的銷售條件呢？

從訂閱制的瓶頸看知識經濟的核心價值：

台灣的訂閱制已經走了五年多了，很多的趨勢也逐漸鮮明了，相較於線上課程來說，訂閱制這種商業模式其實更不好經營，因為他已經不是一次的課程，而是一年 12 個月 12 次的規

劃，因此這也是一般人在規劃訂閱制上比較容易卻步的部分，所以這也回歸到了知識經濟裡面很關鍵的判斷：什麼樣的知識經驗比較適合訂閱制？什麼樣的知識領域的知識價格較高？

知識經濟有以下三種特性。

一、與成功之間的直接關係

也就是說知識經濟最起碼可以分為兩大方向：與成功的直接理由與間接理由。成功是指學員在生活中想要獲得的成功是什麼，舉個例來說，大多數的學員想要在職場裡面可以晉升主管，那這個晉升主管就是學員生活中想要獲得的成功，而各行各業的職業講師則就是可以幫助他加速或是完成這成功的助燃劑或是關鍵要素。這是一個完全由學員感受上來決定的價值，很殘酷但是我們勢必要了解這樣的消費者行為，你才有辦法去提出應對之道

假如你是一位商業簡報講師，你教這位學員可以了解主管的營運思維做出很好的商業簡報，讓他在日常中的表現亮眼，以至於他獲得升等的資格，所以在他準備升等的時候有些大型企業會針對這些學員再提供一個儲備或是主管晉升學習計畫，從中再度強化自家企業日後主管的水準。這時候又出現了一位晉升報告的簡報講師，教他們如何在短暫的十分鐘之內說自己的升等理由和對企業未來的潛在價值，因此這位學員在最後一

刻的升等報告中有了亮眼的表現，這時候我想問各位，你覺得這位學員對於升等這件事情來說，會感謝誰？

可想而知，在絕大部分的情況下，升等報告的講師會成為直接理由，因為馬上應用、馬上驗收成效，而那位協助這位學員日常商業提案簡報品質與思維提升的那一位講師呢？就會成為間接理由，間接理由其實就是非成功原因，因為就算沒有這位升等報告的講師出現，一個學員他在日常的商業報告逐漸的提升到被主管欣賞的程度時，往往他會把這些成功歸納成綜合因素的累積，像是簡報進步了、越來越了解主管的想法了、有些溝通課程的強化表達力、意外地和老闆聊開了等等因素，有時候，的確也真的是綜合因素的累積不是嗎？

所以不管是日後的歸因讓你成為助燃劑，而非成功要素，還是本來就是綜合因素，你都要懂得在課程設計中的課後作業做出一些設計規劃：

才可以讓你的教學成效有機會變成直接理由，馬上應用、馬上驗收成效，成為學員心中的成功要素。

NOTE

【作業練習：如何設計一份作業讓你的學員在短期內可以具體感受到自己的成長？】

二、知識產業中的變動性

相較於線上課程的新商業模式，訂閱制更適合討論知識經濟的變動性，這是因為訂閱制是一個長期的承諾，就算不用週週寫文章，但是起碼也要月月有節目，這時候你就會知道知識變動性的重要性。

一堂企業內訓的簡報課程大多就是一天，搭配上一天的學員 Demo，你真正講課的時間就是一天七小時，但要是用了訂閱制每個月的線下活動就算是三小時來計算，你也需要準備十二個月共 36 小時的課程內容，要是你希望隔年學員幾乎都留存，你就要準備好 72 小時的課程內容，其中還不包含有些內容被你拿去寫文章當行銷素材，這時候你就知道知識的變動性的重要了。

有些專業的知識在走到一定的程度之後就走到一個曲高和寡的情況，很深很難以學習，學會後又需要很長時間的內化，而這些知識與經驗往往又是在生活中較少遇到的情況。簡單的說，你會不知道還要講什麼？還能上什麼？因為有些專業，像是商業簡報，簡報設計你要教到什麼程度？教了 36 小時還不夠嗎？學員真的需要學簡報設計到這樣的深度嗎？簡報設計是他的本業嗎？甚至我們從市場的角度來看，教得越深，需求也就越少。

　　同樣的像是我很早以前就已經定位自己成為商業策略型的簡報講師，我強調的是營運思維、策略思維，從這方向去思考與構思一份商業簡報的核心價值，但是你也會發現營運思維、策略思維的教學內容看似就是比較多變，但是還是跳不出那個簡單的問題，教 36 小時也許夠教，但是 72 小時你又要放什麼進去呢？

　　我相信這時候從營運思維、策略思維，你會更容易地說出這句話：「可以教個案啊！」「可以教時事啊！」個案與時事就是一個知識產業的變動性，微軟的 Powerpoint 從公開到現在已經十多個年頭了，他有徹頭徹尾的轉變嗎？還是萬變不離其宗的微調或是改版，這邊你就會看到一門知識體系的變動性其實是不高的。

　　假如你也是簡報講師，你可能不太認同我剛剛說的那一段，因為你可能會說學無止盡，只是你沒有再好好專研簡報了，沒關係，我們再換個角度來比較你就會知道這中間的差異，有一位學員上過你的簡報設計課，他會不會再去聽第二次？機會是不是不大？我知道還是有些鐵粉會這樣做（像是我的募資簡報就有創業家北中南跟著我跑，破紀錄的聽了六遍），但是你很清楚我不是教完了嗎？為什麼他們還要來聽？

　　但是反觀另外一個知識產業：理財，做個股分析的課程假如我分析了台積電、聯電等十家我覺得台灣最好的企業未來的

股市走向，一位學員上完課了，三個月後我開同樣的課程，你覺得這位學員會再來聽課嗎？會的機會是不是高多了，因為三個月後的這些企業是不是都早已不是你上次上課所提到的狀況了，他們的研發方向可能有更多進展或是改變了，他們的競爭對手可能也不同了，消費者個需求可能也改變了，三個月就足夠反轉了你原來對這些企業的看法了，這就叫做知識的變動性。

教商業模式的講師也是有其優勢，因為商業模式總是在推陳出新，甚至我們可以針對一個商業模式做長期的觀察，當初他為什麼成功，為何現在勢頹了？這也叫知識的變動性。商用英語教學、教戀愛課程、內在溝通、親子教養的課程呢？是不是相較起專業的簡報技巧來說，更充滿了變動性，商業英語每天教你讀英文新聞，甚至可以做到天天有新的教學素材，兩性溝通有說不完的話題更何況是戀愛，我們與自我的對話也跟著我們所處的環境與自我價值觀而變動，而小孩呢？一年一年個性上的轉變與學制上的改變，這領域也都充滿了變動性。

其實這時候你也不用太羨慕那些擁有變動性的知識產業，因為各有各的好處，理財講師一輩子專研理財，都有專研不完的知識與新知，而簡報講師呢？你當然可以繼續專研一輩子（只要你自己熱衷），但是你也可以階段性的針對某個知識專業做個段落性的調整，開始專研另外一個新的知識領域，享受另一種知識的多元性與打不同的市場，各有利弊，也沒所謂的優劣。

　　舉個例，你也許聽過很多教數位行銷的講師，他每一陣子就是哀號一下，因為臉書的改版或是一些數位工具的演算法的改變，他必須要被迫的修正自己的教學素材，甚至是他們的線上課程，可能還要有重錄的現實考量，但是你卻不會聽到簡報的線上課程需要重錄什麼部分，他們商品化之後的維護成本就是低的。

> 所以變動性高的知識產業較適合長期的訂閱制，
> 而變動性較低的知識領域或是某個知識領域中低
> 變動性的部分比較適合做成線上課程，變成一個
> 固化的知識型商品。

NOTE

【作業：思考一下你自己的知識領域，有哪些變動性高的部分？有哪些變動性低的部分？】

高的做訂閱制或寫書，低的做線上課程

2-3

講師營收階段計畫：
300 萬你應該做的事情

線上課程就是這知識經濟時代中職業講師的標配

　　我在企業內訓上高階主管營運思維或是新事業簡報課程時，常常問他們一家企業最基本的營運目標是什麼？在很多的討論中，我常常跟他們分享三個方向：「營業額最大化，效益最佳化，產品定位差異化」，這當然是一個過於簡化的方向，但的確是一個每位主管都應該在年度計畫中做下一些計畫的方向。

　　我常說：「一位職業講師要把自己當一家企業來看待」，所以該要有的營運思維也不該少，也就是說每位講師應該也要去思考：「營業額最大化，效益最佳化，產品定位差異化」這三個方向。

而這看似三個方向的規劃，在這五年來說，其實也有了一個對講師來說最好的解決方案：「線上課程」，我甚至也常直接明講：「線上課程就是這知識經濟時代中職業講師的標配了。」

而為什麼我會這樣說，我可以跟大家分享自己在這兩三年的體會，在 2019 年的時候我的一年課程與演講邀約大約是 185 場，到了 2020 年疫情開始擴散，大部分的管理顧問公司都直接無薪假、講師的課程也都掉了七八成，但是那時候我的課量只有些微的掉落，大概也只掉了一成而已，而七八月時疫情趨緩，在第三第四季也遇到了企業報復性的上課，我的客滿到一個月只有五天可以休息，所以在 2020 年我的邀請課程也走到了 200 場的狀態了，這時候我想問問大家，你們覺得我的 2021 年的年度目標是幾場？

有人猜 200 場維持就好，有人猜 220 場小有成長，有人猜 250 場再一次的突破自己，然而我卻只是在想：「一年 250 場？那我還有人生嗎？那我還有家庭嗎？」一年 250 場有的人可能會去思考那應該是營業額最大化的策略方向，但是說真的：

● 第一點，250 場真的就是營業額最大化的最佳方式嗎？這樣的幹勁可以撐個幾年呢？這肯定是忽略了另外一句話「效益最佳化」。

- 第二點，其實250場對一位講師來說本來就不是營業額最大化的方式，這是因為服務的天窗太快就到達了，而且你僅剩的時間連休息也不夠。

　　更何況應該讓自己有時間去思考有策略性的專業與課程的整體提升計畫，你把你的生活都放在「執行上」這絕對不是好的規劃與職涯策略

服務有其限制，產品才有機會規模化

　　我們從商業模式的角度來看，一位職業講師不管他的專業力有多強，在正規的情況下，他營收的天窗如下：

- 一、時間與地點的排他性：

　　你再有名，同時間內台北場與高雄場你只能選一場！這就是營收天窗的第一塊，或是當你已經很疲累了還有可能北高一日行嗎？所以你會發現服務型的營收是有時間、地點與體力的限制，甚至你要出國講課，那在時間的耗損上只會更多。

- 二、高單價勢必低頻率：

　　假如在正常的情況下，你會發現一年可以講課又維持一個生活品質的情況下，線下課程會有一個場次的限制，那相對應

的你就可以算出你一整年的整體營收了，但是要是你說你想要走經典的高單價課程，那你更要知道一個通則，大多數的情況下，高單價會壓制學員整體數量。

● 三、線下課程學員人數的上限：

以一場需要實作演練與演練後點評的線下課程，可以五十人嗎？可以；可以一百人嗎？可以；可以兩百人嗎？我想問到這邊大部分沒有團隊的講師就知道他無法在人數上有大的數字了。

說真的，一個沒團隊的職業講師一場頂峰大概就是五十人，過了這個數字，品質就會下降，因此你也知道除了時間、地點與價值上的限制之外，人數也是限制不是嗎？

但是反觀，一門線上課程會有時間與地點上的限制嗎？不會，一天 24 小時，一年 365 天，你在講課的時候，你在運動的時候，甚至你在睡覺的時候都有可能在華人圈中突然有人下單，你就得到了一筆被動收入。你在台北講課的時候有人買，你在高雄講課的時候也有人買你的線上課程，這是不是打破了時間、地點與人數上的限制了呢？

線上課程的關鍵定價策略，很多人就錯在定價過高

這時候你會說，老師那高單價呢？線上課程可以突破高單價嗎？這時候我也可以直接跟你說，線上課程他最佳的銷售策略是薄利多銷。

高單價並不是線上課程他可以發揮的優勢，雖然有些經營的方式可以建立高單價，但是那些都是有前提與流程的，所以我們就來聊聊，線上課程的營收模式吧！

而說到線上課程那就勢必要提到這些課程所屬的平台，或是說你打算在哪個線上課程平台上開發你的課程？在台灣的線上課程平台有幾個比較有名的，目前最大的 hahow，另一家則是 Yotta，而所謂的平台就是他們頂多是階段性的推廣你的課程，但是不會長久，因為他們會把行銷資源移往下一門新開的線上課程或是長期熱銷的線上課程，而職業講師會和線上課程平台合作，其實最關鍵的就是：「這些平台的日常流量與使用者輪廓」。

你圖平台他們所經營的會員流量，而他們圖分享者的課程內容，來達成售後的分潤。

　　而這也就是為什麼線上課程平台比較適合低價位：「募資期 800 ～ 1800，日常 2500 ～ 2900。」因為平台提供的是流量，就是每日會有多少人看到你的線上課程，消費者對於價格上的消費習慣，則是衝動性消費適合在 800 ～ 1800 左右，本來沒有打算要買課程的學員在平台上閒晃，卻意外的發現你的課程在未來他好像也需要？所以就順手的買了下來，這樣的衝動性消費或是以工具書的角度來購買的預算就是 800 ～ 1800（募資階段）　2000 ～ 2500（募資後）的價格區間。

　　只要你超過了這樣的數字，衝動性消費就會被你的高價打回理性的階段，轉換率就低了，所以各位一定要清楚的知道一件事情：

為什麼我們要跟平台合作？因為平台經營流量，而流量的消費區間就是低價。

關鍵決勝點

線上課程的定價策略

三千以上購買的需要是鐵粉或是有強烈需求與經濟能力的學員

平台，經營的強項是流量，不是鐵粉。一開始的線上課程真的不要去期望鐵粉（因為根本還不存在）所以在定價上要以流量（衝動性消費）為根據，而不是去走高價路線。

線上課程如何讓你更有餘裕創造更高營收

所以跟大家分享線上課程的最佳營收模式：「初期募資高峰＋日後長期被動收入」

初期的募資高峰試算：可以幫你帶到十萬到幾十萬的獲利，看你如何經營：

一門課募資期間 1800 x 自身分潤5成 x 400人購買 = 360,000 元

以一個年收一百萬的講師來說這36萬就是他一季的生活開銷了，要是可以在募資期做到800人大概也就是72萬元，基本上你大概就可以從200萬的年收走到300萬的年收了。

線上課程在台灣已經五年要步入第六年了，很多學員都已經有購買了幾門線上課程的習慣了，這市場有被做出來，但是也因為五年了與最近教學型的商業模式學院制也出現了，所以整體來說，線上課程的銷量是有受到一定程度影響。

要是有好好經營自己的兩三年以上的朋友，那你可以預估你的保守型銷量就是 400 人，成功就是 800 人，破一千就是很棒的績效了（早期要破一千很容易，現在不容易了）。反之要是你沒有好好經營（個人粉絲頁起碼破萬），基本上除非你有

非常好的商業銷售策略，否則 300 都破不了，這也是為何線上課程我要放在第三年的獲利成長上的原因，前面兩年好好經營社群與個人品牌，才能用線上課程帶來一波收入。

以我自己與大大學院合作的《晉升主管必修的 28 堂簡報術》在募資期間就賣出了 2700 份，是台灣簡報線上課程最高的銷售量，就讓我成功獲利破百萬，讓我買回了自己一季的生活費，而我則是利用這三個月時間又設計出了一套高單價的線下課程，也成功地讓我在 2021 年年初又獲利近百。

而是職業講師大多就是缺了那長期間的課程研發與設計時間（因為一直在衝線下講課的次數做營收最大化的想像）。

線上課程的初期募資營收，就是可以幫我們帶出一筆營收上的小高峰，幫我們創造出一到兩個月可以專心研發，不用擔心收益的美好時光。

募資期後，才是線上課程成功的第二的關鍵：長期被動收入的效益，要是線上課程沒有幫你創造長期的被動收入，那這線上課程也只成功了一半而已。而你要是有長期寫作的習慣，你就可以在你過往寫過的文章的結尾放上線上課程的連結，那這樣一個月帶個 10 幾份的流量應該是有機會的：

日後長期被動收入試算：保守來估計一門課一年可以帶來20萬
的獲利

一門課日常售價 2300 x 自身分潤5成 x 20 每月人購買 x 12個月 =
276,000 元

　　那一年就增加了 27 萬的被動收入，搭配上募資期間的獲
利，很有可能一門線上課程在第一個幫你在財務上增加了近
100 萬元的收入，並幫你創造出來了兩到三個月的空檔時間。

　　以上就是台灣在經營線上課程五年後的一些現況與經驗上
的數據與大家分享，但是看到這些數據，尤其是訂價，你一定
會想問老師多個五百很大嗎？因為看到這樣的銷售量你就會知
道多五百元的訂價基本上就是募資期間額外增加：

一門課募資期間 2300 x 自身分潤5成 x 400人購買 = 460,000 元

一門課募資期間 2300 x 自身分潤5成 x 800人購買 = 920,000 元

一門課日常售價 3000 x 自身分潤5成 x 20 每月人購買 x 12個月 =
360,000 元

　　這一瞬間什麼數字都漂亮了，但是我只能跟你說，消費者
衝動性購物就是已經有一個消費習慣了，要是你想要挑戰這個
習慣，那真的除非你有非常棒的銷售策略，否則，就等著被市
場打臉吧！

　　過了消費習慣的分水嶺，記住就是另一個世界了，說不買就不買，轉換率會瞬間的暴跌，廣告投再多預算上去，都不會有相對應的起色，不要去 Fight 市場與消費者的決策習慣。

高單價線上課程的經營方向與策略

　　但是我知道，即便我都說了那麼明白了，你還是想要高單價的線上課，那我們要如何在線上課程中創造高單價呢？

一、連續建立線上課程，在平台中以產品線與課程品質培養鐵粉

　　為什麼說要用「產品線與課程品質說話」？那是因為目前的線上課程平台都沒有比較完整協助經營社群與鐵粉的工具或定位。因此要是你不多開幾門課，你是很難經營平台鐵粉的，所以在台灣少數在平台上經營高單價課程有些成果的，這邊我可以跟大家推薦「簡報藝術烘培坊」。他們大概是全台灣教簡報設計最強的團隊了（其實也才三人以下的核心團隊），他們高價（4000 左右）的線上課程，有兩個高價動力：一個是對象是醫生，一個是累積了高品質學習經驗的消費者口碑，而他們

也好像是第三門線上課程之後才開始走高單價的課程。

　　說到這邊你就會知道第三門線上課程，那代表了最少兩年以上的經營時間，你才有可能在平台上建立鐵粉來購買你高單價的課程。當然這前提是，你擁有可以開多門線上課程的專業底蘊，否則可能一兩門之後就結束了，你就不知道要講什麼課程了，而我是希望我日後可以開五到七門線上課程，那我的生活就靠這七門線上課程就夠了。

二、鐵粉就要有私域流量，鐵粉必須自行經營

　　所以當我們知道平台的價值是帶給線上課程日常大量的流量之後，那就表示一開始要是就想要走高單價的線上課程的講師，就要懂得經營自己的粉絲頁與社團，和學員建立一個長期的信任關係，但是通常一般講師遇到的情況是：

1. 粉絲中尤其是會加入社團的大多數可能是已經上過線下課的學員了，所以你必須要有新的內容與服務產生，他們才會長期的停留在社團中，這一點就不容易了。

2. 內容切割上，你必須扣除掉兩部分的內容：「線下課程的內容（因為有部分的學員聽過）」、「日常內容行銷的內容」，簡單來說你直接把PO過的文章直接變成線上課程，也

不一定是好的，真的要把文章轉線上，起碼在內容上要做到部分的改寫、補充與內容視覺化，才可能得到好的口碑。

說到這邊你才會發現，我們看了很多職業講師在線上課程的成功，其實是來至於大量有紀律且長期的社群經營與內容產出，所以說真的，職業講師的個人戰力很強是沒錯，但還是要懂得先和線上課程合作，先從流量上獲利，職業講師的時間才會被釋放出來（線上課程的收益支持你的部分生活開銷），全部都自己一個人維運所需要的精力與時間，絕對不是你一開始可以想像的，把自己無時無刻操到爆真的不是聰明的做法，職業講師要懂得比氣長，也才有機會做到營收、家庭與生活之間的平衡。

你要懂得與平台變成合作夥伴，行銷平台來，專業提升你來，你才有機會專注地將你的專業底蘊優化與提升，醞釀出下一門經典的線上課程。

切記！流量是日常獲利，鐵粉是長期投資，要懂得短中長期的搭配，才可以讓職業講師擁有一個較為健康的獲利體質，每月的現金流就是最穩固的經濟基礎，每月就是要靠日常獲利，對鐵粉的高價線上課程則是營收上偶一為之的小高峰。

線上課程的定位，小心專業經典課程的迷思

線上課程的布局策略其實往往和職業講師的想法是相左的，原因很簡單，就是對市場與線上課程的營收模式不熟，請記住一個鐵律：平台是賺流量，不是賺鐵粉。

你的流量思維要從衝動性購物的角度思考，要從工具書的角度思考，你才能在流量中卡到一個關鍵的高價區（高價值而非高單價喔！）。

所以在這邊提醒職業講師一個在辦線上課程上的最大的迷思：專業經典思維。

很多職業講師遲遲不做線上課程的理由有很多，像是不懂得切割線下課程與線上課程的內容，像是因為自己這輩子也不知道會開幾門線上課程，所以大多數講師會想先開一門，或是只開一門・而因為只開一門而已且日後這課程會在網路上跟著講師一輩子，所以那這一門線上課程肯定要夠專業，否則就跌股了，而也因為要夠專業所以定價不能低（高單價這一段就不重複了），然後就被市場打臉了。

在商業模式中有一個非常知名的模式就叫做賣鏟子，以提供給他人工具為主要獲利。這樣的商業模式來自於美國，我們

應該都知道美國早期有所謂的掏金熱，我們更知道的是這掏金熱也蕭條了，但是在這樣的一個熱潮中，有兩個角色的人賺到了，第一個是早期的掏金者，他們也許不是第一批的（因為第一批可能對市場還不熟依舊倒了），但是絕對是早期加入者，他們會在掏金熱的前期有著爆富式的獲利，但是中後期的競爭者多了，在供需上，供給量提升本來就會降價競爭，而在需求方已經被早期餵飽的需求方也不痛了，也有了砍價的談判籌碼，所以很快中後期的人潮獲利快速地遞減，甚至在後進者根本就是無獲利可言的破產了。

那在這樣的熱潮中，老師不說還有第二有獲利的角色嗎？那會是誰？會是那個提供給這些掏金熱挖礦的鏟子的人，因為我不知道你會不會掏金成功，但是我肯定知道你需要一把鏟子，而鏟子賣了，我也不用去思考你掏不掏得到黃金，這就是賣鏟子的商業策略，他賺的是這熱潮的流量，而不是是否有掏到黃金，薄利多銷是賣鏟子，一夜致富是掏金。

在這樣的商業故事中你們千萬不要把線上課程這形式當成掏金熱，因為線上課程是一個長期的需求（因為學員的上課地點、費用與時間無法參加線下課程的市場），真正的熱潮的比例應該是某一個知識產業的專業技能，像是我想要學會投資理財，那對消費者來說就是一個熱潮，有很多人想要學好投資理財，而鏟子呢？就是我們的線上課程，我們的課程在協助他們

走向他們想要的成功，而鏟子呢？貴嗎？就是一個低價賺流量的獲利模式。

課程命名，決定你的長期被動收入

而你怎麼讓學員知道你是鏟子？而不是高貴的挖土機？

那就是課程命名了，而命名也就是搭配著你想要創造的獲利是哪一端來決定：初期募資高峰＋日後長期被動收入，這邊我就舉兩個命名思維做一個例子，讓大家參考。

強需求會帶來募資高峰，鏟子會帶來被動收入

《晉升主管》就是一個強需求，所以當我們用這樣的定位與命名時，我們可以收割一波想要升主管但是還沒升主管的市場，但是收割完這一波時（要知道收割就是把多年的市場中累積與未被注意到的需求填滿），後續的長期被動收入就一般般了。

　　那什麼是鏟子呢？說出來不值錢，但是卻可以完全的改變你線上課程的營收模式。這種課程的名稱往往簡單親切，喔，這還真不想公布給大家啊，因為這太容易執行了，就是一個命名而已，這樣的命名大概會像是這樣：《學好商業簡報的第一門課》、《學好財富自主的必讀經典》。他就是想要往這個知識潮流，而你提供了一把鏟子，卡住第一門課、卡住必讀經典這樣的位子，你的課程日後的被動收入就高，對！就這麼簡單。

　　所以雖然台灣線上課程已經有五到六年的時間了，很多課程也都上線了，但是說真的關於每個知識領域的鏟子，卡位的可不多…因為大家都想要有個超級專業的線上課程名稱，看起自己才專業：

不好意思，你怎麼會覺得超級專業的能力可以靠線上課程就學得會？

　　消費者也不會相信我們可以在線上學到那麼進階的專業，看完線上課程就能融會貫通你的絕世心得啊！那麼專業的事情就用線上課程導流到你的線下課程或一對一諮詢來完成吧！

　　所以你懂了嗎？一門《某某某學派的瑜珈課》可能在被動收入上沒有比《學習瑜珈的第一門課》來得好喔！

這就是行銷的漏斗，越輕量的需求市場越大，越低的決策成本，決策越快，越專業的課程就越小眾，這就是商業的世界。

那要不要拿起那把鏟子就看大家是否接受這樣的認知了。我自己倒是不介意去開一些《_____ 的第一門課》

商業模式	產品定位差異化	營業額最大化	效益最佳化
線上課程	定位懂得抓鏟子	可以創造兩種營收模式：初期募資金額與日後的被動收入，一門經營得不錯的線上課程一年幫一位講師創造近百萬元的獲利是不為過的，這些獲利可以幫忙買回自己的時間，繼續做研發	會創造被動收入，隨著線上課程的數量提升，被動收入只會越來越高
線下課程	越專業越好	可以走高單價，高價低頻就市場法則 建議要有產品線概念，有中價與高價課程，要是剛入講師圈，規劃低價課程也不為過	不管你多有名氣，沒有講課就是不會有收入

線上課程的設計巧思，是由細節堆砌而成的

講了那麼漂亮的營收，那到底什麼樣品質的線上課程才有機會做到這樣的事情呢？這邊我也提供四個方向給大家，讓日後你們也開始規劃線上課程的時候有些關鍵的提醒。

一、清晰的 before after

　　做線上課程與線下課程最關鍵的一點差異就是在傳達一項知識技能時的時間差。在線上與線下最關鍵的差異就是學員的注意力的消耗，一位學員在線下因為老師的帶動與鋪陳而讓學員的注意力可以維持在十幾分鐘甚至半小時，就看講師的熟練度，但是這樣的線下操作走到線上就可能行不通了。

　　因為過去一般大眾在看影片的時候，已經被訓練到對一部影片的注意力大概只有 10 分鐘左右就會消退，所以要是使用我們線下課程的時間長短的運課模式，相信學員在短時間內就會覺得自己買錯了線上課程，而中止了學習。

　　所以在設計線上課程的時候，有一個潛規則：「能不能在半小時的學習時間內，讓學員有具體的產出，而且有清晰的before after。」

　　請特別注意這半小時應該是兩堂到三堂的課程，而不是半小時一堂課。同時這兩三堂課結束後可以讓學員有一個明確的成果產出，最好是可以在社群中展現的，這樣一方面可以帶給學員成就感，一方面也可以讓學員成為推廣課程的一份子。

　　為什麼我們要這樣設計呢？其實就是協助積極的學員從外部社群認同轉換為自己內在的認同，也只有有了這樣認同感、

持續性的自我激勵，學員才有機會繼續把線上課程上完，並持續的演練與接受挑戰，直到這課程的結束，而這樣子的設計則會大大的影響我們所謂的完課率。

所以當你在規劃一門線上課程最簡單的一個驗證就是：三十分鐘效益測試，而唯一的 KPI 就是學員在三十分鐘的課程時間後是否有具體成長與清晰的 before & after，要是有，那就恭喜你過了第一關。

所以要懂得規劃線上課程的作業，讓學員可以適當的吸收、學習與演練，到最後的成就感的建立。

二、社群經營

另外在規劃線上課程中非常重要的一點，不要浪費了一門線上課程本身的行銷能力，線上課程與出書有一點共通之處，就是他是一家公司在短期內會傾注他們的行銷資源在一個個體戶身上：

這時候這一門線上課程和書除了都有創造營收的能力，你更要把它看成一個行銷通路。

而當你藉由它們大量的觸及到了客戶之後，你才會發現，

好像忘記構思把這些客戶建立成社群的規劃與設計，本書後面有獨立一個章節說明社群經營的細節，這邊我們就不再重述，但是在規劃一門線上課程時，切記一定要以規劃一個社群的概念在做思考，而不是只是在規劃一門線上課程。

這是因為這些我們培養的社群將來都將會成為我們新課程的學員來源，或是課程口碑與分享動力的基礎，而且線上課程的學員要去哪邊繳交作業或是要去哪邊討論問題，都可以從社團的經營開始。

三、作業設計

作業設計有時候和第一項清楚的 before after 有點類似，但是這邊我們要談的是線上課程在規劃作業時的難處，基本上作業設計最基本的就是三個走向：第一種就是沒出作業，這種在目前比較少了，大家大概都知道線上課程要設計作業了，因為這些作業除了可以確保學員的學習成效之外，更可能可以成為這課程的口碑與見證，但是為什麼一開始有些講師不敢出線上課程的作業呢？

因為線上課程的銷售量，要是以一門課銷售出 400 份時，也就表示這位講師會一瞬間收到 400 份的作業，這應該是沒有一位講師可以處理的量體，而一門線上課程就會在這邊出現幾

種走向。

一門課程三次以下的作業與一門小課程一份作業，其實很關鍵的就是不管是一門課三次以下的作業（400 份 x 一門課 3 個作業 = 1200 份作業要批改）還是一門小課程一份小作業（400 份 x 一門課大約 20 堂課程 = 8000 份作業），我們都知道這都遠遠超過一個講師可以負荷的量。

所以很多講師最後都會選擇一門課 3～5 個作業作為規劃，想說忍一下拚一下就過去，畢竟批改一份作業要是花 20 分鐘的話，就是 24000 分鐘 (400 小時) 的批改時間，而 400 小時以一天 8 小時的工作時間來說，就是 50 天的工作量，這說真的就壓垮了大部分的講師。

但是你知道嗎？線上課程學員繳交的作業對講師來說其實是最關鍵的養份嗎？是一位講師最可以精進自己的資源嗎？也許你們知道，但是卻也擔心著巨量的作業批改，因此在作業設計上綁手綁腳的不敢放手規劃，或是真的規劃了卻承受著非常巨大的批改的後期營運成本。

這邊跟大家分享我的《28 堂晉升主管必修的簡報課》，我規劃了 27 門作業，而 3300 份的銷售量（2021/05/22 的銷量）就等於會有 89,100 份的作業，但是事實上我幾乎沒有批改過他們的作業而且沒有抱怨，為什麼？大家還記得我之前說過的一

個很關鍵的商業鐵則嗎？契約就是雙方議和，只要我們和學員有共識，他們可以接受我們的條件，我們就可以合作，否則就不是我的客戶，不是我應該賺的錢。

所以我的作業形式是：上課中或是課後遇到的問題採統問統答、另外繳交作業的方式是在社團中主動繳交給我，在建議方面我也會採統問統答的方式，只是會以少數幾位學員的作品作舉例說明，第三個配套是我每個月會出一個題目（獨立於那27 門作業）讓大家作演練，這邊我就會每位批改。

所以你會發現一件事情，我提出的作業規範在大部分的情況下是不管多少人繳交作業都不會增加我每個月的營運成本。

契約就是雙方議和，你應該排除那些你不能承受的，去思考可以幫彼此達成目標的聰明方式，我們應該聚焦在彼此都可以有所獲得的目標，而當我們聚焦在目標時，方法就有千百種的可能，而當我們聚焦在方法上時，我們就會被方法綁死，沒有人說線上課程的作業就是一份一份的改到完不是嗎？

最後，那些作業的批改在營運成本不會爆炸式的提升時，這些作業就是講師最關鍵的成長素材，因為學員的問題會穿透你在規劃課程中沒有思考周全的細節，而且他們會用他們獨有的工作情境挑戰你的設定，這時候你的批改就是會自我精進最棒的方式，而且最關鍵的是當你花了那麼多的時間批改作業時，

你怎麼讓這樣的批改時間成為最有價值的呈現？你可以將這些作業的批改變成一篇篇的文章回覆給學員，你當然也可以將這些作業化零為整的編譯成一本書，而且是一本以學員真實問題為基礎的實戰演練書！

所以，恭喜你，你知道也許困擾你已久的出書的內容要從哪來的問題，現在已經解決了，因為你線上課程會瞬間幫你帶出三到四百位的學員與他們的問題。所以線上課程的作業好好規劃，你甚至還可以順便達成職業講師另一個必經之路：出書的目標呢。這就是為什麼我會把「線上課程已經是社群與知識經濟時代下職業講師的標準配備了」掛在嘴邊的原因了。

我們極其幸運的生存在這樣的時代下，可以直接經營社群平台面對自己的客戶與合作夥伴，讓我們可以輕易的將我們的知識經驗直接兌現，所以真的去把線上課程放在你未來的規劃中吧！

關鍵決勝點 ● ● ● ●

線上課程的錄製方式決定了建置成本，與錄製的難度

其實我已經聽過非常多錄製過線上課程的講師抱怨，或者說不是抱怨可以算是哀號了，他們說每次錄線上課程都 NG 到一個會打擊自己講師身分的次數，甚至有些講師還自己寫好逐字稿再搭配上影像團隊準備的提詞機，依舊錄不好自己的

線上課程。

這原因其實很簡單，職業講師在線下課程中日常鍛鍊的其實是臨場反應力，而不是背稿的能力，所以這種特化過後的能力遇到了背稿的情況時，反而讓自己的表達變成極為的僵化，尤其是很多講師一看提詞機，面部的表情都消失了（我好像沒資格說人），所以這邊跟各位在錄製線上課程中遇到背稿瓶頸的講師分享我自己的做法：

一、製作授課內容的簡報

二、自行演練一次

三、不熟的地方用動畫淡出的方式進行講稿的切格與提升對
　　內容的熟悉度

四、最候再試講一次

五、現場直接上場（沒嚴重失誤就繼續講下去）

六、請後製打逐字稿

這樣直接省去了背稿與背稿後的不自然，這大概是經驗比較豐富型的講師可以嘗試的方式，我用這樣的方式，一堂十分鐘的線上課程錄製的時間大概就是十分鐘，不要覺得我的錄製課程的效率高，因為以前我也試過用背稿的方式，我也一個小時錄不了二十分鐘，每個講師要挑自己最適合的方式，不要被制式流程給綁住了。

每個講師心中的痛：線上課程的盜錄問題

我想除了那些執行的問題之外，錄製線上課程擔心被盜錄也是一個讓人卻步於線上課程的理由，關於這一點我就直接說了吧！只要放在網路上的課程內容就勢必有人錄製，你無法防禦，因為我看過太多盜錄的手法了，就算是線下也是，在大陸有些講師甚至是不准學員帶手機去參加他的課程的，但是呢？一樣被盜錄了，他們怎麼做的？四個人一組，一個人專門筆記講師的講稿與肢體，包含笑話也都記錄下來；一個人學習他們運課細節，像是分組、教材、教具、設定好的特殊環境與助教怎麼操作；一個人專心學習老師的上課重點，另外一個人，隨時補位，下了課，直接拆解與組合這位講師的授課內容，請問還有什麼課程無法抄襲的嗎？

所以我跟大家分享我們要做的不是預防別人的抄襲，而是應該要去思考如何讓抄襲無效化，假如你把線上課程的內容當成你線上課程唯一的核心價值，那到頭來你勢必不會做出自己的線上課程，因為你會擔心有人會抄襲，但是我有幾個概念可以跟大家分享

● 一、公開才不怕抄襲

真正被抄襲而且損失很大的是那些從沒公開自己教學內容的人（其實這也很正常）因為別人也從來不知道這些知識與經

驗是屬於你的。但要是你做成線上課程呢？大概就會有幾千名學員會幫你在不同的產業、不同的企業、不同的層級幫你把關，因為大家都知道這樣的說法與教學內容其實是治華老師的，很奇特吧！但是的確如此，而且這樣的做法其實在還沒有線上課程的時候，就有一些職業講師有這樣的操作方式，公開自己的教材，瞬間得到極高的分享數，瞬間得到管顧的好奇與接洽，至於有沒有人抄他的教材？當然有，但是每次也都被自己的學員或是粉絲主動告知，反而又成為了另一次的公關與品牌聲量。

● 二、要讓抄襲無效，不是預防抄襲

　　就像是我之前提到的我們在設計線上課程的時候，不要把它當作一堂課來設計，要把它當作是一個社群來經營。那假如我們可以在社群中討論一些關鍵的實作與問題的回答，那抄襲者要如何抄襲？假如有些與講師一起一對一的線下諮詢與分享會，那抄襲的了嗎？假如你有一個良好互動彼此共學的社團，這樣抄襲的了嗎？社團內每個月線上的聚會一次，讓彼此熟悉彼此，共創知識與經驗分享，更在過程中增加了學員彼此之間跨領域的交流與人脈，這樣抄襲的了嗎？

　　所以真正的關鍵是去創造一個線上與線下混合式的課程，讓線下可以驗證線上，就有機會讓抄襲者沒有興趣去經營，因為在課程的過程中，我們可以設計出讓買盜版的學員感到權益受損與心之想望的價值，那這時候我們還需要擔心盜錄嗎？

2-4
職業講師如何經營自己的社群與公開班？

要開始擁有自己的客群

對於一位職業講師來說每一次的上台都是專業的展現，也應該是一次行銷的整合。

大部分的企業內訓講師是在企業內部累積了多年的口碑與人脈，但是在公開市場中沒有聲量，所以他的營收都會變成單純的內訓課程（有管顧仲介），與企業直接指定課程，其實做到企業直接指定課程也是一個非常好的營運方向，因為少了管顧的分潤，講一堂課有時抵兩三堂課，往往幾天的邀請就可以養活一個講師一個月的開銷。但是，這需要一家企業人資對這位職業講師有著非常深厚的信任基礎，否則不易達成。而這樣的講師就是放棄了幾乎一半的市場：自己經營的公開班。

所以我們先往一個方向去思考，為什麼企業內訓講師的公開班人脈不容易經營，很單純就是因為基本的行銷四 P 基礎不夠。

一個好課程（product）除了要有高品質外，還
要有清晰的客群描述與定價（price），以及可
以連結到客群的通路（place），再加上行銷
（promotion），才會有好的銷量。

　　並不是我們認識多少人，或是有多少人認識我們，如果沒
有精準的客群定位，認識再多人也不會有好的轉換。其實這一
點所有的企業內訓講師都很了解，從他們開辦了自己的第一梯
公開班之後，這個市場給他們的回饋（慘烈的報名狀況）就能
感受到。

社群經營求精準，從來都不是求數量

　　職業講師開公開班級有多困難呢？我就以自己來舉例吧！
我的個人臉書帳號很久以前就已經滿了 5000 人，讓我們做一個
最直覺的思考，這五千人在我開一場公開班的時候會有多少人
來報名？其實很多條件就會過濾掉我所有的粉絲數。

　　我們在經營自己的臉書時，常常看到別人加我好友，看看
我的 proflie，覺得我還行就加看看的人，我們可能也會回應對
方，或者對方會加入追蹤。

但這些人其實是「目標與期待不明確的好友」。

這些目標與期待不明確的好友，說真的還是一個很珍貴的族群，因為他們還沒有消費過我的產品（上過我的課），只是因為這樣的族群需要「比較長期的耕耘」，他們需要從我身上發現他們自己有需求，他們也需要多次的觀察才會認同我的專業，也就是說他們要有一定的頻率看到我的專業展現，才能成為我的產品購買者。

但是因為我和他們是建立在臉書上的關係，而目前臉書在做到重複曝光其實是不夠的，除非有下廣告，所以除非是非常鐵的鐵粉，或是有高頻率的產出，否則這些人很快就在他們的塗鴉牆上看不到我了，所以等哪一天我開了一門公開班時，說真的不是他們需不需要這門課的問題，而是他們根本沒看到開課訊息。這些很可惜因為外在條件而沒有成為我們顧客的人，我估算大概在 5000 好友中佔了 500 人左右。

這些其實有機會成為我的顧客，但可能因為很多條件而沒有成為購買者的族群，應該要用「私域流量」的方式經營。

所謂私域流量，就是我們的臉書社團、LINE@、LINE 群組或是 Email 行銷的方式，這些族群的人才會與你有一個長期且

重複曝光（知道你的消息）的機會。

社群經營不能只是吸收鐵粉

鐵粉加入個人帳號與粉絲頁，說穿了沒有錯，但是也許不是最對的人。

這大概就是所有經營講師公開班辛苦的人的普遍問題，因為他們以為自己在行銷，但是自己的社群上都是已經上過課程的鐵粉，這些人加入你的粉絲頁或是個人帳號，不是在行銷，其實在做的事情叫做客戶關係管理，維護著舊客戶的福利的行為。

因為不管你把他們照顧的再好，他們都沒有理由再去上一次你的簡報課程，除非你有開發了新的課程，否則他們根本不會重複消費。

而且，假如第一次他接觸到你的課程是入門課程，你還要思考他們的生活中真的需要進階課程嗎？因為也許一班課程就已經解決了她生活中 70% 以上的難題了。

這樣的鐵粉學員，很有可能是所有職業講師最努力經營的

族群，為數也最大，5000 人之中佔了 2500 人也不為過，這時候你就會發現自己經營的一半以上的人是不會來上你的公開班的，因為他們已經消費過了。所以再扣掉第一種需要長期認識你才有可能消費的族群：5000-2500（已消費過）-500（需要長期經營的）= 2000 人，你其實已經剩下不到 40% 的粉絲數了。

要享受社群紅利，要有新曝光、部落格、新產品

真正可以在社群時代中享受到紅利的人，需要具備三個條件：

定期行銷‧創造新曝光：

你一周沒寫個一篇文章出來讓大家看到你，那基本上就等著被臉書的演算法給遺棄。

你會發現一件事情，就是真正在社群上面經營得好的職業講師，他們的發文評率其實幾乎是兩到三天一篇，而且注意觀察時，還會發現他們連 PO 文的時間點都有固定的規律，像是晚上八點半到九點的時候，這是因為那是大部分的人上臉書的

時刻，你甚至可能要因為你的族群而改變你 PO 文的時間點，才可能精準地觸及到你的客群。

有建構自己的部落格：

這是因為臉書的文章曝光，要是沒有達到爆文的按讚次數 300 ～ 500 以上，你所有寫出來的文章大概只有四個小時不到的曝光時間，所以要是只靠社群流量，想要經營基本上辦不到的。

所以你應該要再新增一個叫做搜尋流量的管道，讓學員在Google搜尋時可以找到你的方式。

搜尋基本上就不會像是社群平台短時間的曝光，而是長期間都可以被搜尋到，只要你有符合 SEO 的概念在寫作。

有研發新產品能力：

很多的職業講師都會覺得自己很努力的在做行銷：

但是很多的時候其實我們根本不是在做行銷，我們是在做會員關係管理。

因為很多勤勞的講師都會在他們的課程結束後邀請學員加入他們的臉書粉絲頁，但是我們都沒想過他們加入之後是為了什麼？所有的經營都需要時間與精力的投入，投入就是希望創造下一次的消費，但是他們不會重覆來上你的課程，誰會想要重複的不斷上同樣的課程呢？

所以要是你沒有「研發新課程」的能力，你會發現社群的經營到頭來其實並沒有幫助你得到更好的營收，但這不是行銷或是會員經營的問題：

而是你沒有想到他們是已經消費過的客戶，而你沒有提供給他新的消費理由（新的課程）。

社群中消費能力不足與地緣性太低的族群

這其實就是另一個殘酷的現實，你經營的社群是否具備消費力呢？舉個例子來說，很多去大學單位演講後加入的族群，他們的消費能力不足，所以即便他常常看到你的 PO 文，對你很鐵，甚至你也有定期的研發新課程或是規畫出一系列課程，他都無法在短期內消費。

大學生畢業後，工作第二年之後才可能有閒置的資金，來進行自我的投資，所以這也是為什麼很多人說當職業講師的甜蜜點會發生在第三年，因為他早期在學校演講的學員長大了，而印象中剛好還有你的印象，所以才成為你真正的客群。

而這樣的人數大概也佔了 500 人，所以 5000 位粉絲的講師目前將只會剩下 1500 位名單，也就是說 3 成的市場是真正可以在短期內成為你的公開班的有效市場，而這個市場的前提是你還要懂得下廣告，臉書才會給你應該要有的曝光量。要是你沒下廣告，一般講師的社群曝光大概就是兩百讚以下，那你覺得這兩百以下的人，有多少可能是當下需要你的公開班，而且那一天剛剛好有空來上呢？

現在大家了解社群經營求精準，而不是求大量的原因了嗎？

2-5
將社群轉成營收的關鍵服務：讀書會

為什麼企業學員破萬，公開班卻開不成？

其實在寫這一篇文章的時候我才發現一件事情：

很多講師沒有寫作習慣，更沒有經營社群的思維，這樣怎麼會有所謂的精準客群呢？這些客群要由什麼樣的數位足跡（文章、圖文、專欄、影片）找到你呢？

就像是童話故事裡的糖果屋，小兄妹也知道在回家的路上放糖果、做記號回家，那一位講師在客戶可能尋找到你的數位通路上，你放上了什麼線索、麵包屑了嗎？

當你還沒有品牌效應的時候，你怎能期待學員會主動來找你呢？

但是你會說，但是我在企業內部教授過幾千名或是幾萬名

的學員啊？對！但是這時候會有幾個層次的問題：

● 你沒有做好引流的動作，所以只有極少數的積極學員會主動
找到你，幾萬名學員可能瞬間變成幾百名學員。

● 而且你會發現這些學員就算找到了你，他們都是已經上過你
的企業內訓（最專業的課程）的學員，你有更好或是更新的
課程給他們嗎？

　　對！這就是職業講師公開班市場不好經營的另外一個點：
沒有多元的產品線，所有的粉絲都是消費過的顧客，要是沒有
新的產品（課程）出現，他們也沒有付費的理由。

　　所以這裡就是想要跟大家分享，我們該如何經營屬於自己
的私域流量，

經營精準流量的長期服務：讀書會

　　這是為了要解決幾個問題而建立的服務，今天不管你是在
企業演講或是在校園演講，他們雖然都是精準客戶但也是消費
過的顧客，這時候的流量策略就是：

　　維持長期的關係，直到你研發出新課程。

很多事情都是有好有壞的，像是雖然他們是消費過的客戶，但也是體驗過、認同你的客戶，否則他們也不會持續地想要和你學習。

所以像我就會維持每個月一場讀書會的經營，一來是可以累積與提升自己的專業力，二來是可以用比較輕量的服務去維繫關係，又可以帶來一點獲利。

更重要的是你可以在自己所有的校園演講與企業內訓的課程結尾中說明，要是想要有長期的學習，你有提供每個月的讀書會，這就變成一個非常好的引流商品，他會讓你所有的學員都有一條線索可以加入到你的社群，或是與你建立一個長期的關係，像是我的讀書會就有不少跟我超過兩年以上的學員。

同時你也會發現一件事情，本來其他人在辦理讀書會時最痛苦的招生，對你來說就是一件容易的事情了，當你有越來越多校園／政府機構的演講、企業內訓課程，你就會導出更多的學員，當你有越來越多的讀書會學員時，你就可以心無旁騖地準備讀書會，當你的讀書會品質越來越好時，學員的數量也就越多了。

這時候關鍵的扭轉就會發生：當大家看到你的讀書會（或其他活動）總是充滿人氣時，一種信任感就會油然而生。

　　就會有更多陌生的新客戶會找到你，而你就會帶動更多校園／政府機構的演講或是企業內訓，而這些實戰所帶來的備課又會提升你的專業，這就是一個正向循環。

講師除了經典課，也要設計出自己的引流商品

　　同時一石二鳥的是，在所謂的產品策略中，我們有所謂的「引流商品」與「利潤商品」的概念，簡單的來說，從公開班的「潛在同學」的角度來看，其實你從來沒有在他們面前彰顯過你的專業，那為什麼學員就要相信你的公開班可以讓他有所收穫呢？

　　所以這時候我們就需要所謂的引流商品，創造一個低價但是可以充分體會你的價值與專業的體驗。

　　這樣的商品並不會讓我們擁有豐富的營業額或是毛利，但是可以讓你的學員降低決策成本（低價）來體驗你的專業，畢竟一場讀書會參加只要 500 元或是 300 元，跟一場專業課程報名費 6000 元的決策成本是完全不一樣的程度，不是嗎？所以懂得建立長期的引流商品，可能才是真實市場中的運作方式。

　　而利潤商品，也就是你本來想要招生的高單價公開班，對講師或是任何的知識工作者都是一個不錯的營收來源，相較引流商品讀書會，他可以提升你事業的營業額與毛利。

　　這時候你才會發現，當公開班市場的學員對你並無深入了解時，他們是很難下決策去購買你高單價的公開班，當然招生就容易不穩或是無法長期穩定招生。這就是因為產品組合的策略少了引流商品策略，無法讓不瞭解你的專業與授課氛圍的潛在客戶，以比較低的成本就來體會日後你可能會帶給他們的專業度與方向，所以自然而然公開班的市場就很難打開了。

誠實面對市場與學員複雜環境的挑戰：回訓

　　還有一個很少人提到的授課形式，他非常的真實，他也是當你不想經營讀書會時的另一個關鍵的選項。

　　所謂的回訓，就是當學員經過你的課程之後，他們在課程中所學與他們生活中真實環境的衝突檢討。

　　回訓可能的進行方式是，在招生的過程中請學員填寫問卷，讓我們先了解學員在學習到你的知識、經驗與做事流程之後，是否真的有辦法解決他在企業內部中真正遇到的問題，或是在

學員實踐的過程中他遇到了什麼樣的瓶頸。

而回訓就是講師針對這些遵守你的知識經驗的朋友，回到他們真實現況發生了什麼樣的衝突與不適用的環境。

舉個例子來說，你可以跟學員說，任何一次上台報告都要當作最後一次上台，每次上台前要練習 20 次，這樣的理想就會和現實有所差異，一般的員工有那麼多的時間完成 20 次的練習嗎？這樣的時間成本過高啊！還是要對大老闆、高階主管或關鍵客戶時才要做到這樣的地步？或是當你跟學員說要懂得跟主管溝通達成更多的共識時，學員反應給你：「主管不喜歡我問那麼多問題」，這時候學員應該要如何應對？我們需要教學員還有哪些配套的工作與溝通技巧？為什麼當初你用的時候可以，在學員身上不行？是環境的問題還是個人的問題？

這些問題都可以在回訓的時候發生，這是真實的對話，回訓不是形式，是一種數不盡的情境題，千變萬化的可能性與你的教學理念、方法的衝撞。

「回訓」也是一位講師要是真的想要精準成長時必備的服務，甚至是一種覺悟（被學員的企業文化打臉），但是也只有這樣才能快速篩去那些無

法落地的教學內容，快速累積出經得起千錘百鍊
的教學內容。

簡單的說，回訓除了方便對企業內訓或是政府計劃的學員
進行引流到自己的私域流量中，更是一位講師快速提升自己的
服務模式。有些從公開班開始的講師，要是想要走到內訓，我
想回訓的機制就是他們最關鍵的服務模式：

**長期、小班制的方式進行VIP或是舊學員的服務
機制，就可以幫助自己逐漸懂得用企業的語言說
話，並了解一般員工與初階主管的在職場中光怪
陸離的甘苦談。**

從上面兩種服務模式：讀書會與回訓的連結性，我們了解
到一件事情，過去我們會很開心的跟其他人分享自己已經教授
過多少學員，但是在了解我們應該要幫自己的事業進行一個引
流與串接的規劃時，你會發現自己其實錯過了非常多與學員建
立長期連結的機會。說真的，你要是已經授課過一萬人，那大
概就是錯失了一萬名學員長期關係的建立。

要是有踏實完成引流到公開班市場的講師，一兩年下來聲
量就會非常顯著的成長了，不管日後你還要規劃新的商業模式，
像是訂閱制或是線上課程，有些這累積下來的私有流量，才有
機會成功，否則光靠廣告費砸出來的訂單也是有其上限的。

2-6
建立一個產品豐富的
產品線與攻守策略

　　那一天我看歐陽立中老師做了一場讀書會的活動，六個月六本書，團購價一場讀書會才兩百五十元，但是卻在一天內招收到了一百個學員，這樣的數量除了跟薄利多銷的訂價有關，當然也跟他自己這幾年來的經營有關。

　　但是我也想到一件事情，紀律、名氣、定位，會一次提這三件事情就是因為他們都很深的影響了一位講師的經營策略。

名氣的迷思

　　很多講師在經過了幾年的歷練之後，在企業中有了穩定的收入，在社群中也算小有名氣了，所以他們會想要來接觸一下2C 的公開班，但是他們也知道自己在外面是沒有市場累積的，所以一些比較聰明的講師就會利用讀書會開始，去累積自己在企業外部的名聲。

　　但是也因為他們的教學品質與專業能力，這些企業內訓講師在做讀書會的時候價格都會偏高，所以這就發生我常講的一個策略誤區叫做：

攻守不明確：攻就是要獲利，守就是要擴散。

　　所以當一個有能力的企業講師要走消費者市場時，他的行為會自然而然地走向中高價的定位，因為這是他們對自己授課品質的堅持，所以讀書會通常會在五百以上（我過去是八百一場）

　　但是這樣會發生一件事情：『他到底為什麼要辦讀書會？』

　　假如這讀書會是為了要觸及市場，製造大量的曝光，那一場八百元的讀書會可以達成當初的目標嗎？從獲利面來看，攻，很好一場八百元抵別人四場讀書會獲利，但是守呢？曝光？觸及率呢？大概就是落在 20 ～ 30 人之間。所以扣掉一些風格的切合度，大概會長期追蹤的就是 5 人左右。

　　自然這些講師會覺得消費者市場不好經營，其實真正的原因是攻守不明確，盲點在自己的專業度與教學品質的自信，但是你忘記你是在跟市場溝通，不是專注自己的專業度上。

定位的迷思

很多的講師則是一開始就認定自己是要走高價位的講師，甚至可以說很多講師都害怕被標上一個標籤是一位低價位的講師。

這是沒問題的，其實真正的關鍵是你可以接觸到多少高消費族群？這時候你會發現以定位為思考的講師，他最關鍵的事情反而是要如何經營這些高消費族群的通路，基本上高消費族群他們幾乎不會出現在一般的社群或是粉絲頁中，所以：

以「特定社團的角度」經營哪些族群是優質的學員，可能才是一個比較正確的方式。

這時候你會發現講師經營思維的落差，要一開始走高價定位的講師他要有自己清晰的客群與通路的，他就不是用漏斗的方式去養客戶的池子，而是要用精準行銷的方式鎖定特定社群的經營。

但是這部分的講師真正知道要接觸哪些客群的，與真正擁有關係去接觸這些客群的講師，真的不多，所以很多的講師又卡在定位上，盲點在自己的通路策略不明確：你的客戶是誰？在哪？與他們的關係呢？而不是專注自己的定位上。

堅守產品組合的紀律

其實就是一個產品組合的概念，我們不要去挑戰一個品項的預設消費預算，一般人覺得讀書會就是兩三百元，那就兩三百元，透過衝動性消費快速累積名聲：

社群平台上我們都在經營一個衝動性消費的產品與客群，或者說社群平台最可以發揮效果的就是這些低價產品。

講師的粉絲或是慕名而來的學員，看到了兩三百元的定價時，想也不想的就覺得：「好啊！試試看」就夠了。

在讀書會之後你有什麼樣的產品組合？才是重點。

你有入門課嗎？你有進階課嗎？你有一對一的 VIP 諮詢嗎？你有線上課程嗎？你有陪伴式的長期課程規劃能力嗎？

價格與獲利應該是這些產品線的責任，而學員其實是用這些後續的產品與服務來標籤你的。

而讀書會呢？就是做好自己的責任。快速的導流與大量的曝光，不要把自己的名氣與定位的思維用在初期經營時，用在讀書會上去挑戰消費者的預算上限與決策成本。

　　想要高價嗎？不是不行，只要你有清晰的通路關係，要是沒有的話呢？請堅持紀律，把產品線的權責區分做好，把後續產品做出來。你就可以在一年後享受你自己所經營的客群基礎。

關鍵決勝點 ● ● ●

低價市場到底有多低價？

歐陽立中老師在他的臉書上一次六本書半年的讀書會，套票只要 1500 元，以六場讀書會來說，說真的，對一位講師來說營運成本超級低，就是看書做出簡報，但是在立中老師的臉書中也分享到了其實這樣的方案一出來的時候第一天就已經有一百人購買了，也就是說：

1500 元 x 100 人 = 150,000 元的獲利已經達成了。

而且我覺得以立中老師的人氣基本上走到 300 人是沒有太大問題的，也就是說這樣的作法，一方面立中老師的專業力隨著讀書會越來越有底蘊，而在這樣的過程中幫他創造了起碼 45 萬的獲利，有很低嗎？明年他把定價稍微提升一點到兩千，一年可以增加到 60 萬以上的獲利，很低嗎？

而且過程中幫他培養了 600 位學員（當然有大部分會重複訂閱），所以說真的，一位職業講師從這邊學習的是不要被地位與名氣沖昏頭了，好好經營產品線策略，把引流做好自然日後就會有學員往利潤產品走。

2-7
一位講師的新商業模式：
遠距視訊課程

遠距視訊教學將成為講師的必備能力

　　這是一個很關鍵的年代，任何一項新的服務模式都是緩慢推進的，除非這服務模式有一個趨勢在推著他走，而 2021 年對於知識經濟體系影響最大的，甚至是影響這全世界最大的事情就是新冠肺炎 Covid-19 衝擊了全世界的經濟與運作，你可以從一位知識經濟者可以利用的營收模式表中發現，以往的線下課程（服務）幾乎是停擺了，一停擺就是兩個月：

> 而還可以在疫情中運作的就只剩下「線上產品」
> 與「品牌的營收模式」可以利用，但是這些營收
> 模式的營收特色都是準備期高。

　　也就是說要是你的調整是從收到海量的停課通知之後才開始，你基本幾乎已經跟不上市場的潮流了，因為在未來三年內，你實在很難保證疫情是否會再次變種蔓延了。

所以職業講師就要直接以「在未來遠距視訊課程
將會成為講師的基本能力」的角度來思考自己的
能力。

	營收模式	獲利前題	營收特性	營運成本	獲利規模
服務	企業內訓（管顧）	產品專業力	價格低，但頻率高	中	中等
	企業內訓（直客）	產品專業力	價格高，但頻率低	低	優
	公開班（線下）	社群經營	價格高，但頻率低，以月為單位	行銷	極優
	訂閱制	社群經營	價格低，但營運成本要注意	高	穩定現金流
	遠距視訊課程（線上直播）	線上運課	價格中，需養市場	低	優
產品	書籍撰寫	內容規劃	價格低，準備期高，品牌定位高	高	低
	線上課程	社群經營	價格高，準備期高，社群基礎要夠	高	優，被動收入
品牌	Youtube	內容規劃	看天份，準備期高，過門檻才有獲利	高	優
	Podcast	內容規劃	價格低，準備期高，品牌定位高	高	低
	Clubhouse	內容規劃	尚無官方獲利模式	高	

線下課程，轉換成遠距視訊、線上直播教學容易嗎？

而當你想要開始轉型成遠距視訊教學（線上直播課程）時，你就會發現起碼需要完成三件事情：

一、線下課程轉成視訊課程的修正

很多職業講師會擔心線上課程轉型的成本很高，因為需要考慮的東西似乎一瞬間變得超級多，像是硬體設備、線上視訊軟體的熟悉、課程內容的修正與運課手法的改變，尤其看到一堆視訊軟體就昏了，但是說真的，別想那麼多，以課程內容的角度來看，線下課程轉成視訊課程只需要修正三個部份就夠：

● 分組與分組討論

● 互動模式

● 成果展現

這三方面的調整就夠了，這些都將會在這一篇文章中跟大家做詳細的分享，比想像中的簡單多了。

二、熟悉視訊軟體的操作模式與限制

　　我想這邊應該是所有講師轉型線上課程學習成本最高的地方，就是有太多的會議軟體要學習了，而且每家軟體都有其差異化，但是不要慌，就像是上一段所提到的轉型主要使用「分組與分組討論、互動模式與成果展現」這幾個教學階段的修正，所以我們在評估與學習不同的視訊會議軟體時，也只要從這幾個教學階段的角度去思考就可以。

　　反之，要是從熟悉這些軟體的功能來思考的話就會發現你要去測試這幾種軟體的幾十種功能與細項設定，那就是一個大工程了，也是很多職業講師在轉型時候的心魔。

　　但是事實上我會建議的應對之道是：

先學會Zoom了解到一個視訊課程可以做到的程度，再去思考其他不同軟體的功能差異，針對差異去調整就好。

　　也就是說假如你今天熟悉的是 Zoom，改天收到企業的邀請要使用的軟體卻是 WebEx 或是 Microsoft 的 Teams，而你只要前一周跟企業約測試時間，找出操作上的差異就可以了，這樣的流程跑三次之後，你就會發現：「你會了」，只要你先學習一套軟體，你會適應其他軟體。

　　簡單整理不同視訊軟體上的差異給大家，但是這個表格大家也參考一下就好，因為在未來這些差異都會因為這些視訊軟體的改版而開始縮小，甚至你也因為適應了，也就不在乎了，這才是真實世界中的運作方式。

軟體名稱	開課單位使用軟體習慣	優點與缺點
Zoom	大多數企業、學校與政府計畫是禁止的，所以最常用的反而是一般講師經營的公開班中	算是教學應用功能上最簡單直覺與完整的，建議要轉型的講師可以先從 Zoom 開始學習，因為功能完整與直覺，所以學習曲線會最平滑
google meet	大多數學校與政府計畫是用這套	弱項是分組比較不方便，是利用開多個會議的方式模擬分組，所以操作上比較不方便，建議整合外部討論工具 Google Jamboard 進行小組討論，並用賴群組進行聲音上的討論二、沒有註記功能互動教學感會比較弱，建議多使用聊天室互動作替代
Microsoft Teams	企業使用比例高	建議每次使用上先與企業進行測試，因為 Team 這套軟體功能上是完整的，但是設定卻是很細，使用的情境與企業對該軟體的熟悉度有關，所以事前測試可以了解該企業對功能設定上的狀況，進行事前調整
Cisco WebEx	企業使用比例高	建議每次使用上先與企業進行測試，因 WebEx 這套軟體功能上是完整的，就是在 UI 上面在課前溫習一下就可以
U-meet	少數法人單位會使用	弱項是在分享教學簡報的時候無法看到學員在聊天室的留言，而解決方案就是搭配一個外部提問互動工具就好，像是 LINE 群組或是 Slido

三、視訊課程的行銷與養市場期間

　　但是其實真正關鍵的是，你的既有客群習慣了與你視訊互動與聽課了嗎？很多時候當你的技術 ready 了，你的客群還沒，所以這邊的領先不是只有技術的領先，而是客群的領先。

　　但是這邊可跟各位職業講師分享，在疫情期間，其實學員也是悶著，所以其實學員也在期待線上直播、遠距視訊形式的課程，因為他們就是一群習慣學習的族群，所以不要太擔心，因為學員比我們還正向與期待這樣的形式。

　　另外一點就是市場反而會成長得更快，像是我的策略思維商學院社團中，有幾位比較熱情的成員有在經營區域讀書會，在疫情之間我突然發現，這時候區域已經不是重點了，以前是台中區讀書會，會去參加的社友都是台中的朋友，現在呢？反而可以變成台中區讀書會主辦，全區成員參加的情況，市場反而更大了，同理，以往讀書會可能收的招生情況：「500 元招生 20 人」現在就可能變成「500 元招生 40 人，一場讀書會的獲利可以到兩萬」了。

　　這時候對於講師來說一個晚上三個小時的讀書會可以有兩萬的收入，一位大學生的月薪兩萬八，但是新鮮人是用一個月去賺到這營收，而對於講師來說只是三個小時左右的獲利，甚至比學校與政府單位邀課的獲利還高了！

遠距視訊課程最簡單的設計思維

「要是轉型成線上課程是一件容易的事情，那所有講師早就轉型了！」這句話應該是大多數職業講師心中的 OS，但是事實上對於一個教學手法熟練的講師而言，轉型反而只是一瞬間的調整與思考。

「轉型重點不是功能的操作與堆疊，而是線下課程體驗的再現。」這句話更是一位成熟型的線下課程講師在轉型時，會過不了自己的那一關，他面臨到甚至要放棄某一段線下操作非常關鍵的某段課程運作方式。

但是，這邊我先提供一張 2020 年因為疫情發生，我分享了一張線下課程與線上視訊課程的轉型說明圖。

線下課程轉線上課程的調整		操作小細節提醒
講師授課	Zoom 講師授課	一般授課模式講師說明 講師電腦簡報分享	
講師互動	Zoom 聊天室	講師提問：選擇題 讓學員於聊天室回覆答案	課程主辦方可以同時 彙整學員問題與答案
學員練習	Google Folder	學員在已經分享的 Google 資料夾呈現產出	學員直接修改電子檔 或是A4紙產出拍照
學員討論	分組 Line/Zoom	小組學員在課前先建立好 LINE群組或是小組Zoom	學員Zoom 40分鐘 或是LINE群聊
學員演練	Zoom 學員分享	Zoom學員共享螢幕 用學員電腦分享	分享檔案在 google Folder
講師點評	Zoom 遠端控制	Zoom講師申請 遠端操控學員電腦	也可以直接以 Google Fo

職業講師
商業思維

　　這時候你就會知道，線下課程轉型成線上課程的一個簡單的盤點格式表，可以分為四個步驟來思考就夠了，從左至右可以依序是：

● 盤點自己的教學主軸與流程

● 再進行視訊軟體的搭配

● 思考細步操作流程，以授課主軸的設計開始，才線上化

● 最後是課前準備清單，包含學員在電腦可以操作的紙筆，和講師要先設定好一些外部互動討論軟體權限的細節

關鍵決勝點 ● ● ● ●

線上課程與線下課程的本質差異分析

	優點	缺點
線下課程	● 講師對於現場氛圍的掌控性高，像是學員間討論的氛圍與學員分組產出的品質 ● 可以有很多細緻的運課操作 ● 上課環境與氛圍的設計感受性很強	● 有些學員會躲在人堆中逃避課程中的演練 ● 會有時間空間與地點的差異
線上課程	● 在個人演練上更明確，每個產出都可以追蹤回個人 ● 更好的互動教學，因為回應可以回歸個人，課程可以更深刻的與學員對話 ● 對於學員的提問回應的更具體，同時學員以往不好意思舉手，現在利用文字訊息提問反而更自在	● 網路的狀況掌控性比較低 ● 學員上課的環境的穩定性不明確，可能在家有小孩 ● 需要針對不同的視訊軟體調整運課細節 ● 對於學員演練的成果與進度掌握度極低

六種互動式教學，讓遠距學員演練更明確

我們都知道在線上上課的時候學員會更容易分心，所以我們會比較強調互動式的教學，但是其實一個運課成熟的講師本來在線下就有豐富的互動式教學基礎了，所以我們只要針對視訊軟體的功能在教學簡報設計上再強化一點，就可以達到很棒的效果，而目前互動式教學大概可以分為：「是非／選擇／連連看／填空／畫線共讀／排順序」。

其中前四項「是非／選擇／連連看／填空」其實只需要使用視訊軟體的「註記功能的文字」就可以，可以參考以下的教學講義範例思考

是非／選擇的教學範例：了解學員現況

　　這一張就是我在教學時使用的是非／選擇的方式，你就可以看到有很多學員在進行回應，利用 Zoom 註記：文字（姓名）與圖標（愛心、星星）的功能，在我的簡報上直接標註。其實在設計這簡報的時候，只要留有讓學員標註的空間就可以了，甚至稱不上設計，但是我們就可以完成是非與選擇的互動式簡報與教學設計。

填空的教學範例：填空＋表單＝深度演練

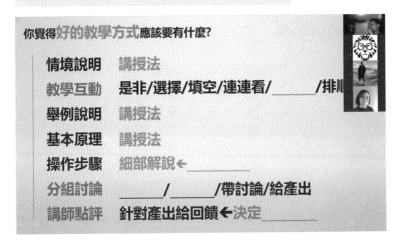

　　而填空題的互動教學模式則可以用在測試學員目前的現況，考一些沒教過的內容，看看學員的回答決定學員的程度。也可以應用在教學的尾聲，利用回答問題的方式進行，對學員進行今天授課內容的總複習。而在互動過程中同樣只要懂得使

用「Zoom 註記：文字」（進行填空）就可以了，是一個非常簡單的操作方式。

比較成熟的應用可以搭配一些表格進行有架構性的複雜演練，這種搭配表格進行演練的方式其實對學員來說是非常踏實的演練，學習成效與深度都很不錯！但是相信看到這邊你已經有一個感覺了：「互動式教學好像很簡單」，記住，不是好像，是真的就是這麼簡單。

連連看範例說明：項目比較，發現差異

連連看其實就是選擇題的延伸，他適用情境則是有很多類似的概念需要大家去細部比較其中的差異，協助學員去了解多個項目之間的細部差異，就很適合用連連的方式，其實只是變

成多題在一張投影片中的設計，這樣的操作我們只需要在簡報上面提供一個學員可以畫線的空間即可。而在互動過程中只要懂得使用「Zoom 註記：圖標中的直線」就可以了。

共讀畫線範例說明：學員共學交流多元觀點

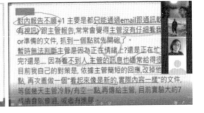

　　共讀畫線其實也是我以前在線下課程中常用的方式，只是那時候是請學員在講義中畫線，而到了線上只是讓大家直接在共享畫面中畫線。

> 但是這其中更多了共學的角度在裡面，因為學員
> 會看到為什麼別人會畫那一條線，而你是覺得這
> 句話比較重要呢？

　　這部分的啟發性會很大，在互動過程中只要懂得使用「Zoom 註記：圖標中的線條」就可以了。而之所以我會常用

183

共讀畫線這個互動模式，也是因為在閱讀的過程中很容易讓學員的心安下來，專注在一些日常簡單的動作，例如畫線。

排順序範例說明：最有深度的互動式教學

排順序是在教步驟式的知識時，最好使用的互動式教學，學員討論的深度深，所需要的討論時間也多。

這邊最關鍵的點就是可以方便不斷的修改排放順序，所以這邊我就跳脫了 Zoom，而使用了 Google Jamboard 這個白板功能，其中有便利貼功能，方便大家討論對一件事情的看法與執行優先順序，可以隨意的調整便利貼的順序。當然，因為用的

是便利貼也很適合發散式的討論，不一定只能排順序，但是這也就是我在互動教學中使用的最後一個方式，至於 Google Jamboard 的操作非常簡單，就請大家自行查詢使用方式了。

視訊課程的弱點：掌握度

這應該是所有講師對於線上課程轉換上最大的關卡：掌握度的喪失。

就像是分組討論，在線下的時候一班六組，一位職業講師一眼望去就知道哪一組的狀況好還是不好，都可以當下過去協助與討論，帶動小組跟上進度，但是在線上呢？就算是有 Zoom 的分組，我都覺得這樣的討論，甚至可以稱得上是「放任」了。

一開始自我介紹的分組，要是不夠熱絡呢？學習動力起點就低了，一間討論室一間討論室的巡，看似已經很好了，但是跟線下的「瞬間了解」狀況，就是有一個天跟地的差異，當你尋到第四間的時後才發現他們做錯的時候，那就算你當下調整了，你也會發現他們也跟不上進度了，因為演練的時間用光了，第六隊可能等不到你了，你要準備開始上課了，那這一門的滿意度就可想而知了。

線下熟練的職業講師是瞬間了解現況將時間做最有效的分配，只協助那最跟不上的隊伍，那是職業講師眼睛一掃，瞬間可以掌握的現況，但是走到了線上的分組討論室，那總是有一個時間差的服務水準。

關鍵決勝點 ●　●　●

即時監控，精準協助

所以這邊跟大家分享一個很簡單的方式就好：監控產出，靠產出進度，進行精準協助。

其實只要一張圖就可以讓大家了解這方式了，像我在操作分組演練的時候，我會把一些深度討論放在 Jamboard 中，所以

一般要有五組的話我就會開五組在 Jamboard，而接下來就是關鍵了：「我們如何同時監控五組的演練結果呢？」直接瀏覽器開五到六個分頁，排列整齊就好。

這就是我的雙螢幕中次要螢幕的畫面，我會把各組的 Jamboard 開好，同步觀察各組的產出（這幾個瀏覽器都會同步反應喔！），所以我只要看好時間與進度，要是發現哪一組的 Jamboard 變成「該有產出的時間但卻沒階段性產出」的狀態，我就會直接進到分組的討論室中，了解學員們的狀況並協助他們跟上進度。而雙螢幕的面積我自己操作最多也就是六組比較方便，這個數字對我來說也就夠用了。

關鍵決勝點 ● ● ●

想要當一名稱職視訊課程講師的硬體投資

我從以前就不是一個設備控的講師，也的確少了很多的 show-off 機會，我總是想要用一個最精簡的方式來進行我的課程，不管是線上還是線下，但是對於線上課程我只能説，你終究還是要投資一點硬體來進行課程中體驗的維持，所以我跟大家分享一下我的硬體規格與每個硬體在線上課程運作中所扮演的關鍵角色。

使用硬體設備	應用策略	細部設定
NB 一台	主要操作與監控學員聊天狀況	呈現 Powerpoint 簡報檢視者模式
螢幕一台	主要監控分組產出的狀況，即時監控，各組進度	開出各組的 jamboard 結果
iPad 一台 或 手機(學員視角)+ 手寫板	顯示學員視角，掌握學員目前看到的畫面最關鍵的功能提供講師進行板書點評，這是一個非常關鍵的體驗	以學員角色登入課程中準備好 Apple Pencel，用於點評學員產出，非常好用也可以購買手寫筆，但建議一定要現場測試才知道好不好用，很有可能買來後不適應，就浪費了
耳機	避免現場兩個帳號的音訊產生回音	連結到 iPad 完全體驗學員的視覺與聽覺

當你的課程被取消時的應對之道，與視訊課程的關鍵走向

寫了那麼多，直播課程說穿了也有很多講師會操作了，那為什麼每當疫情爆發時，還是很多的講師哀鴻遍野？也許，視訊直播課程可以是公開班的解決方案，但是以目前的情況來看，似乎不是企業內訓這塊市場的解決方案，因為企業都直接延期或是取消了。

但真的只能如此嗎？不，其實不是，視訊直播課程也是企業內訓的解決方案，只是目前的管顧與企業還沒有一個應對之道，還不知道怎麼快速地去轉換一個內訓課程到線上課程的操作方式，所以這邊我想要提供給台灣的管顧與講師一個應對之道：當你的課程被取消的時候，你的應對之道。

在說明應對之道時，我們應該要先了解直播課程的優缺點，就如同之前所說的視訊課程最關鍵的缺點就是無法分組討論，或是在分組討論上的操作成本是很高的（要助教），所以對於職業講師來說，就會是一個門檻，那就只會有兩種情況：

● 一、一般課程中最關鍵的分組討論操作不順暢，無法確保討論的品質。

● 二、需要助教協助（一組一位），但講師大多單打獨鬥，並沒有立即可用的助教群。

這兩點就是為什麼即時的視訊課程無法馬上成為企業內訓的解決方案的原因。但是你也可以參考剛剛文章中所寫到的分組監控的方式，變成一位講師也可以運作一個完整的線上課程。

反之，我們有沒有思考過即時的視訊課程的優點呢？

線上課程可以讓演練踏實，課程中的演練變成每個學員都要有產出！

像我在操作視訊課程的時候，我都會請學員將他們演練的答案寫在討論串中，這時候你就會發現，以往線下課程中的分組演練偶而都會有幾位學員是分心的，反正只要其他組員有討論有產出就好，但是在視訊課程中不行，每個人都要回覆我們的課程演練，演練反而踏實了。

從這樣個概念中我們就可以知道：視訊課程在分組是弱項，在練習上是強項。那也揭露了遠距視訊課程的優點，他適合一對一諮詢與小班教學（約 10 人內）。

一對一諮詢因為沒有分組本來就沒有額外產生什麼缺點，那為什麼我會提到小班教學？這是因為我自己在操作的時候當學員每個人都在討論串回覆自己的演練時，也就是說現場會突然跳出了 10 位同學的演練答案，針對這 10 則我們要不要逐一解說？其實是不需要的，因為有些答案會是類似的，根據經驗

大概就是解說個五六位學員的答案後，差異化比較大的答案就沒有了，而且根據過往經驗，一般的學員也沒有耐心聽另外九位學員的答案的解說，聽到四五個解說也就夠了。

所以當10則回覆我們只需要解說五六則時，在時間上的操作上是不是跟原來線下課程，一班六人六組的情況差不多了？這也是為何我說視訊課程適合小班教學的原因了。

所以當我們聽到企業內訓的課程被取消時，其實我們可以主動的建議他們將原來的線下課程，直接轉成一對一諮詢（for 中高階主管或是重點培訓學員），或是將原來的 30 人以上的班級，拆成三到四梯的小班視訊課程，提供更優質的教學品質與提升演練的紮實度。

這時候你就會知道，當你可以提出這樣的解決方式時，就可以協助企業在百廢待興的過程中提供一個更聚焦、更有策略性的企業內部人才培訓的計畫，這是一個精兵培訓的轉型概念，而且也因為走了小班制，其實你會發現你的鐘點也增加了，何樂而不為？

2-8
一位講師的商業模式：
線上課程

2015 年 1 月，台灣最大的線上課程平台 hahow 正式成立，掀起了台灣線上課程的風潮，動輒上千人的購買，讓線上課程已經成為一個再明確不過的潮流。從那天到現在，已經五年多了，線上課程已經不能說是一個潮流，而是一個講師應該可以靈活運作的商業模式了。

當線上課程進入需求成熟期

甚至線上課程所代表的知識經濟，我們可以從四個方面觀察到，五年後的今天線上課程也開始從一個高峰期走向了一個需求成熟期。

一、舊市場的收割期已過

會買線上課程的學員大部分的課程都買了，但是我相信最

近的疫情有把這個市場再打開的情況，因此在疫情中或是疫情過後還會有一些新的市場出現。

二、未來是新課程開發能力的考驗

　　有社群基礎與優質專業的講師也都差不多把自己可以上線的專業都上線了，這時候你會發現對於這個新的商業模式初期就是收割一位講師多年來的精華課程。

　　也因此有些講師是沒有選擇線上課的模式去錄製他的經典課程，這是一個心理障礙。

　　而那些已經錄製過的講師則是遇到另一個問題，如何再去開發一些新的產品線，所以有些自我定位是專注教單一課程的講師要不是沒有錄製，要不是就開始要思考如何開發出更豐富的產品線，來重複帶動其他課程的銷量。

三、課程差異化不鮮明的階段，更難以切入

　　既有線上課程種類已經覆蓋全面，較難有全新課程出現，相似的課程定位則會讓購買動力下降。

　　就像是簡報課程在各家平台都有，甚至一家平台中就會有多門簡報課的情況，這情況就會讓後進者更難以進入，因為他必須要從既有課程中在走出自己的差異化定位，否則在銷售上的動能會不明確，像是你要開設一門新的簡報設計課在hahow，就起碼要避開四、五門已經是高品質簡報課的課程內容。

因此線上課程的開發策略就很難以講師自身的專業出發了，而是要從市場缺口的角度去思考，不是我有什麼專業，而是目前平台還有哪些需求缺口沒人提供課程的角度來看。

四、平台與周邊服務讓線上課程利潤下滑，降低講師錄製意願

　　線上課程從過往對於講師來說，上架一門就可以有豐富的被動收入，到現在各方平台的分潤提升和周邊服務分潤，像是課程後製費：約 15～20 萬，很多講師在不確定銷售狀況之下，從現金支付的方式轉向了長期分潤的合作模式，也就是說講師是利用日後課程的獲利分潤去和課程製作團段談，所以在銷售分潤上，線上課程平台會從交易價格中抽取 20% 的獲利（這都

算低的），而課程後製團隊呢？有些團隊會提出一份有分潤卻沒有一個獲利上限的契約條件，所以一門課 1800 元的銷售，真正進入課程講師的戶頭裡，可能已經剩下 500 ～ 600 或是更少了，讓這產業開始有殺雞取卵的態勢。

關鍵決勝點 ●　●　●

這邊提供現金不足但是想要錄製線上課程的講師，假如你想要以日後分潤的方式進行與影片錄製團隊的合作，我會建議你：

> 「定義好你的分潤總額，而不是無上限的分潤。」無上限的分潤就是入股，入股是要共同經營的。

協助錄製是專案，一次性的專案費，你應該要把這樣的專案費看成借貸，假如專案費是 15 ～ 20 萬那日後的分潤上線就是 25 萬左右，提供他們優渥的差額即可，千萬不可把專案費變成入股分潤，要是這樣做你的課程毛利就不值得讓你的經驗線上化了。

關鍵決勝點

線上課程的定價與製作成本，已經是一個飽和的狀態了，講師拿多一點，平台沒賺，平台拿多一點講師沒賺，所以這邊我給想要錄製線上課程的講師一個衷心的建議：「不要雙講師的形式一起錄製」，因為本來一場獲利豐富的課程，因為現在有兩位講師，所以分潤起來，真的90%都會很慘，你只要思考一下雙講師就是營運成本(分潤)突然Double的意思，對兩位講師來說都不會有什麼值得開心的感覺。

線上課程平台的發展趨勢

根據這四點，我覺得未來的「線上課程平台」或是「知識經濟的產業議題」應該往幾種方向發展。

一，知識網紅培養、新市場缺口的盤點與顧問服務

線上課程平台的服務價值要提升：其中一個方向可以是強化第二輪的知識意見領袖，帶出曝光與銷售動能，可以跟著平台一起成長的第一波知識意見領袖，都已經收割了這個經濟價值，穩定或不穩定的被動收入，都讓他們的行為趨緩了，再開發第二代的知識網紅，帶起下一個世代的消費動力，就像是每

個世代都會有這個世代的歌手

　　這時候平台要扮演的角色則是顧問式的服務，可以提供第二輪的知識意見領袖目前市場上可能的缺口，因為說真的雖然很多講師都已經把自己的線上課程化了，但是對於一個整體市場、消費者需求的整體性來看，還是有些過往線上比較成熟的課程是還沒有講師線上化的，這樣課程的需求市場就像是早期的美國西部草原，讓願意開發新課程的講師自行圈地，劃地為王，過往某些課程已經被一些王牌講師圈了線下的市場，在線上卻是一片自由的市場，等待著願意開發課程的講師的收割。因此要是平台可以提供這樣的服務時，那依舊可以帶動一波營收的成長。

關鍵決勝點

去盤點那些知名講師的課程或是那些企業內訓長需求的課程，然後比對既有線上課程，你就會發現一些空缺的市場依舊在線上等著你開發。

二、產品研發的專業支持

　　幕僚團隊、知識建構團隊等相關服務應該要出現了，這是一個知識經濟的時代，也是一個知識商品化的時代，需要正式

的團隊協助意見領袖開發新課程，才可以讓既有意見領袖的價值再提升，我們就從一般的產品流程角度來思考：市場需求探索、產品規劃設計、原物料規劃、產品生產製作、市場通路銷售與售後服務這六個階段來對比。

階段	市場需求探索	產品規劃設計	原物料規劃	產品生產製作	市場通路銷售	售後服務
服務	盤點線下成熟市場的課程轉換覆蓋率與缺口	課程設計依舊交由講師主導但是可以提供線上教學方式的建議	根據缺口可以主動提出參考資料與書籍作為加速建置課程的基礎	介紹合理收費的生態系夥伴建立業界規範不要變成殺雞取卵的行為	長期的課程行銷推廣計畫講師個人品牌行銷計畫	根據售後服務尋找課程二版的方向與可能
現況	無提供	無提供	無提供	有提供但無規範	短期行銷	無提供

　　而這些階段性的服務也就是日後講師要去與線上課程平台溝通與討論的服務細節，其實我們都可以從中找到很多可以優化的方向，有了這些細節基本上你的線上課程就可以在初期就有立於不敗之地的基礎。

關鍵決勝點 ● ● ●

和線上課程平台討論時，可以把這些觀點放進去討論，用以評估目前平台本身的專業度，最起碼要討論到長短期的行銷計畫。

三、數位行銷的目標新客群

　　知識地圖的規劃與系列性的行銷，應該已經要非常的成熟了；所以開始走向下一階段的行銷：聚焦新客戶開發，舊客戶的消費動力疲軟，雖然我們都知道回購率很關鍵，但是同一位講師或是一位學員的需求是有限的，五年也夠消耗了，所以下一個階段就是新客群／新市場的拓展期。

四、線上課程與（線下）課後社群的建立

　　這其實也不算新概念了，很多線下的講師早就這樣進行了，以課程建立學員社群，以學園社群建立學期圈與話題圈，再拓展新客群。但是線上課程最關鍵的就是「作業的設計」與「支持圈的建立」，因為線上課程的優勢就是瞬間的大量購買，但是關鍵也就是在這樣的大量購買之下，很多課程講師是無法應對瞬間三四百份以上的線上作業，導致於有作業的講師累死，沒作業的講師則是在課程錄完之後，幾乎就和學員斷了關係，但是有長期學員關係才是講師日後不斷開發線上課程的基礎。

　　所以要是平台可以提供簡易版的學習後管理功能與學員管理系統，就可以創造一個絕對的差異，因為講師的社群就依附著開課平台，那講師與平台之間的關係就會被重新定義了，平

台才有真正的獨佔權，讓優秀的講師都會停留在自己的平台中，而不是多方平台的嘗試。

講師未來如何定位自己的線上課程

這時，才開始走向這一篇文章想跟大家分享的重點，當現在的知識工作者將自己的經驗轉換成線上課程的時候，發現過往的紅利不見時（動輒上千的銷售），學員就成為了一個數字而已。

「啊，才兩百多人買而已」（嘆氣）

不，不應該是這樣去思考的，知識型的商品，應該要有更大一點的責任，我們應該思考的是：「有一兩百人願意跟著我一起學員！」

我要怎麼讓這門線上課程不是一個「一段教學錄影」而是可以真正協助他們成長的課程，對！各位知識意見領袖，就算賣得再不好，我們最少都扛起了一兩百人的需要，我們應該要更用心的規畫我們的線上作業與為各地區學員進行線下學習圈的建立，讓一門課，不只是一門課，而是可以扛起學員學習責任的一場教學。

第三章
實戰定位篇

3-1

別讓別人定位你，講師應該定位自己

為什麼有永遠忙不完的備課時間？

那一天我收到了一位年輕講師的來訊，他說：「老師，當個講師好累，要天天備課，很多課程都是新的，準備起來幾乎是沒有休息的時間啊？」我微笑了一下跟他說：「當講師前一兩年會比較累一點，之後就會比較輕鬆了。」只是沒想到我得到了這樣的回答：「老師其實我已經是三年多的講師了！」

這倒是吸引起我的注意力了，因為對我來說講師備課的確會花不少時間，但是已經教了三年，如果有系統化方式讓自己精準成長（請參考本書：4-5 職業講師的課程問題管理）基本上大多可以應付跨出去一點的需求，可能就是 30% 左右的課程客製化，或是增加一大一小的演練客製化（請參考本書：4-6 職業講師的課程時間管理）的需求。

我在職業講師第三年的時候已經有 185 場邀請，都可以在高滿意度下完成任務，但是我不會用好累這個字形容我自己。

　　所以我多問了一句：「那你現在一年幾場邀約？」這位年輕的講師跟我說：「大約是 80 場。」聽到這個數字其實我挺驚訝的，幾乎是我邀請數量的一半而已，我都不會覺得累，為什麼他會呢？這樣的頻率不管是什麼樣的需求，365 天 /80 場，起碼一場還有四天到五天可以準備啊？

　　「你這樣一場都有四五天可以備課，怎麼會累？」

　　「老師，因為有些課程的需求真的落差太大了，有時候幾乎是一門新課程了！」

　　「那你可以不要接啊？」我本來想要這樣回答，但是那一瞬間我懂了，因為在講師圈前三年的年輕講師（三年算是一個過渡期，三年後一個職業講師就算穩了）大概都是這樣的情況，因為自己的市場的能見度不高，也不知道自己這個月五場邀請，下個月會是幾場邀請？今年有一百場邀請，難保明年也會有一百場，這是一個心中未知的壓力，所以當有一個跨界跨多一點的需求走到自己的面前時，年輕的講師接不接？

職業講師應該所有新課邀約都接嗎？

　　說真的，看著自己的家人，當然接！但是這不一定是好事，

因為有時候接了上不好，一瞬間就砸了自己多年累積的口碑。

畢竟講師圈很小，講好一場無人知，講砸一場天下知。

　　這是因為企業人資大多會去做 reference check：「那位某某講師，這次我想要邀請他來講 ＿＿＿ 課程，大家覺得如何？」這時候人資圈的資訊馬上就串聯起來了。所以我們才會說企業講師是不能失敗的，講差兩三次大概就差不多可以告別講師圈了。但是生意到了眼前，有了家庭經濟的壓力怎麼辦？這是給自己的挑戰？還是為了活下去的選擇？對學生公平嗎？對經濟壓力有解嗎？

　　很多時候當我們有兩難的情況時，都是因為我們沒有找到問題的本質，當你覺得沒有一個明確的答案時，就表示你目前陷在問題迷宮中。

　　這些問題的核心其實在於：「為什麼他們要找你講跨界的題目？」簡單來說，幾個情境：

● 第一個對方就是缺講師，所以找一個合作過覺得品質不錯的講師來解決這個需求。

● 第二個就是壓根只是為了填滿課程規劃上的缺口，總之講好

就沒事，講壞就要花個一兩年的時間在講師圈中來平反自己的專業。

● 第三個你沒有給自己一個清晰的定位，你讓大家定位你，而不是自己定位自己。

所以在合作夥伴的眼中，他們也覺得只要有課給你就是在協助你，畢竟有營收不是嗎？

符合自己定位的邀約比例，要大於意外臨時新課程

我其實也有過這樣的經歷。

「治華老師，我之前聽你的『職業講師的商業思維』課程，覺得你在問題分析與解決上有很多獨到的見解，可以來幫我們的幕僚上問題分析與解決嗎？」

「老師，我之前聽你的演講覺得你在溝通與談判上有很多獨到的見解，可以來幫我們的業務上溝通與談判嗎？」

「老師，我之前旁聽過你在集團中帶高階主管的目標設定，可以來幫我們的高階主管上目標設定加上團隊建立嗎？」

其實我也接過很多這樣的跨界需求，所以我非常可以體會

這樣的情況，而且也都是好企業的邀請，你捨得拒絕嗎？有時候，甚至自己心底都會有一種想要挑戰的心情。因為說真的，當你常接到一些跨界的需求，其實表示市場對於你的肯定。

但是，只是有問題分析與解決上的「見解、習慣與心態」，跟讓這些見解變成一門可以「讓學員落地應用」的成熟課程是兩回事。

說真的，以現在的我來說，因為已經有一套課程規劃的SOP，並且之前連續三年舉辦專業讀書會累積的 1500 教材，我應該可以在兩三天內完成課程的規劃（請參考 4-3 職業講師的課程目標管理），而且可以為學員帶來很多不同的見解與洞察，但是年輕時的我沒辦法，因為底蘊不足。

那真正的問題在於：「比例」。假如你讓別人定義你，你接收到客製化的課程邀約比例就會提高，假如你懂得定義你自己，這比例會下降到一個可以管控的數量。

或是相對的是，符合講師定位的課程邀請數量應遠大於這些意外的欣賞。

3-2
寫作策略，
讓市場以你想要的方式定位你

那講師如何定位自己呢？寫作，這就是最關鍵的答案。

講師之路有兩件事情，是當你對未來沒什麼策略想法時，是做了一定不會虧的投資：

● 一是寫作，有定位的寫作。

● 二是讀書會，有策略的讀書會。

（歡迎參加我的《陪伴式講師訓》，裡面都有這樣的策略練習。）讀書會之前已經有深入討論過，接下來這一段我們就來聊聊寫作吧！

你在網路上怎麼被定義？

其實我很意外地發現，很多年輕講師是不寫作的，或是沒有高頻率的寫作，沒有具體寫作的策略與基本能力。但是寫作對於年輕講師來說又是超級重要的事情。

因為寫作不僅可以幫助你釐清思緒，讓過去的經驗沉澱成具體的方法與教學素材，更可以讓一般大眾以你想要的方式認識（定位）你。

這個年代我們幾乎都是先從社交平台或網路上認識了誰，才在現實中有了真實的交流。而你怎麼希望別人定位你？那就 Google 一下你自己，那時候的搜尋結果前三頁就是你在他人眼中的定位。當然能的話不要只有文章的連結，要是有相關教學影片或是照片（個人照或是授課照片）就更棒了！而關鍵的作法是上傳圖檔時檔名放上自己的名字。

如果一位講師擁有一個形式多元的自我搜尋結果畫面，這畫面也就是企業人資或是邀課者對你的認識，是你在網路上被定義的樣子。

NOTE

【作業練習】想像一下你自己希望別人從 Google 上面如何定義你？你希望如何被定義？目前的你在 Google 前三頁的搜尋狀況是如何呢？

　　所以假如你想要讓別人認為你是一位商業提案的「企業內訓講師」，你有沒有想過對方要看到什麼樣的搜尋結果，才會覺得你是一位稱職或是可以信任的「企業內訓講師」呢？又或者假如你希望別人知道你：「在 25 歲前旅遊了 40 個國家，還曾經受邀在 TEDx 上面演講，有一本書，主要希望以演講的方式服務大家。」那你覺得你被搜尋的時候要呈現什麼樣的搜尋結果呢？

- 一、過去旅遊的文章與照片，演講與一起旅行的夥伴與故事

- 二、TEDx的文章與照片，還有些讀者在你的演講中留言的回覆與心得見證

- 三、你寫過的書的簽書會，和一些讀者的合照

- 四、商業合作模式：演講的一些條件與演講過的單位與演講風評

- 五、最好還有兩三段五六分鐘的演講片段，讓邀課單位可以評估你的演講成果

一位知識經濟時代下的自雇者，在網路上就是要累積你所有經營或是營收項目的見證，讓大家還不認識你之前，他們就已經信任你了。

　　而這個年代其實還有更多新的平台可以經營我們自己，像是以語音為主的 Clubhouse 與 Podcast 都也是一個不錯的選擇，但是我們就先回歸寫作好了，畢竟寫作是所有表達的基礎，寫作就是思維的具象化，所以今天假如我們是一位講師，那我們需要有哪些種類的文章來在網路上證明出我們的價值與塑造我們的定位呢？

　　我們可以從行銷漏斗（Marketing Funnel）的角度來看，我們知道所謂的漏斗可以分為六個層次分別為：曝光、發現、認知、轉換、客戶關係管理與顧客回訪。

寫作時的曝光策略

　　講師可以利用社群、SEO、部落格、討論區的內容行銷，讓企業人資與學員「看到你」，可以再搭配一些數位行銷的方法，像是 SEO 或是臉書廣告投放，擴大曝光的規模。

　　所以，在目前時下的哪些內容網站中，你建構了自己的內容網站（部落格，或任何可以彰顯你專業的網站）與社群粉絲頁了嗎？

　　這時候的內容策略：你可以寫基本款的文章，黃金圈理論

就可以成為寫作方向的的架構：

● Why：為什麼每個人都需要懂得商業簡報技巧呢？

● How：如何規劃出不同對象都可以秒懂得簡報呢？

● What：做到這樣的簡報才能無往不利啊！關鍵三個訣竅！
（我承認這浮誇了）

而這時候更有曝光價值的寫作方向則是：與專業相關的時事個案分析。

說真的，有些名氣的講師幾乎都有過這樣的寫作作品，沒為什麼，就是因為一位講師個人帳號在臉書上最多五千人，寫一篇專業的文章按讚不到兩百，真正會去閱讀的人不到一百，但是你寫一篇時事文，可能就是上萬人次的瀏覽量，是瀏覽量喔！不是按讚數。

現在社群裡面按讚不看文章的人太多了，所以上萬次的瀏覽量很快就會讓你被對的TA看見！

NOTE

【作業練習：設定一篇文章，同時貫穿三個重點：時事、你的專業與你的觀點。】

當企業找到你，你希望如何被認識？

當別人看到你之後，因為你的內容品質與定位，企業人資與學員開始搜尋你的其他文章，因此找到了講師的專屬網站，而他們開始重點式的閱讀這個網站的內容，開始累積對講師的專業度認識。

這時候的內容策略是：當一家企業人資走到你的網站裡面，你有想過給他看什麼嗎？其實很簡單，我們只要回歸目標就好：「我希望他看過我的網站之後找我去講課」。

所以你覺得企業人資應該要看到什麼樣的內容才覺得你是可以來企業裡幫自己的員工授課呢？就是他已經有高品質、好口碑的內訓經驗。

先建立「你能」的觀感，所以除了寫作策略要呈現這方面的文章之外，你甚至可以在網站的架構中獨立一個你的授課經驗頁面，這都是必須要做到的事情。

還有像是課程中我們幫學員解了什麼樣的問題、怎麼解決的，有什麼不同之處，都是值得寫成一篇篇的課程見證與課後分析文。

要是運氣不錯還遇到願意主動寫口碑的學員，那就要記得在徵求過學員同意的情況下，再將那一篇學員的心得見證也收入到你的網站中。

這時候課程見證、課後分析文與學員見證，是你不可或缺的關鍵內容。

NOTE
【作業練習：確保你的網站有一個獨立的區塊保留著課程見證相關文章。】

化零為整，系列文章才能塑造企業信任

企業人資與學員因為閱讀了你的系列文章，開始把某些關鍵字與你連在一起了，像是簡報、商業模式、寫作策略、社群行銷、策略思維可以找治華老師來教。

這時候的內容策略是：化零為整，系列文章才是專業感的塑造。

當一些邀課單位走到你的網站時，發現你能教了，但是他們一定會希望做一些double check，這時候他們要看什麼？這時候他們要看你的系列文章，對單一主題的深度思考。

　　這時候你一定會覺得：「老師，寫作已經讓我耗盡心力了，系列文章我真的不知道如何開始？」其實，這時候最簡單的方式是你不用開始，而是要進行盤點。

　　記住每個人都可以寫系列文章，而且你們也都寫過，只是他們是化整為零的變成你在不同時間點、在不同學習與成長之後的日常撰寫文章，要是你寫過 20 篇文章，你絕對可以從中找到幾篇文章在討問相關的主題：

這時候請你自己編輯一下這些文章的標題，給他一個系列文章的名稱就可以了，這叫做化零為整。

　　盤點文章這是一個沉澱自己系統化知識架構的過程，很多人看了上一段文章可能會笑了一下，發現怎麼是這樣的一個方式，但是我們要知道，本來知識就是要溫故，再從溫故中找出更完整與更新穎的出發點，不是寫完就算了，這是在知識的梳理過程中必經但是大多數人忽略的步驟，所以在整理舊文的時候，其實就是在跟過去的你在對話。過去的文章你會這樣寫，但是在教過五百位學員之後，你還會這樣認為嗎？沒有更好的方法嗎？一定會有。

所以，當我們在盤點文章將其整理成系列文章時，你必定會再新增幾篇成長之後的新觀點、新文章（當然是放在系列文章裡面）。

所以我們的寫作策略經歷幾個階段：

1. 一開始用來曝光的「黃金圈基本文章架構」。

2. 吸引更多目光的「時事文、工具文」。

3. 讓企業人資發現你的「課程見證、課後分析文與學員見證」。

4. 到建立信任認知的「系列文章」。

你會發現這個順序就是一個說服的順序，只是我們是無聲的銷售說服。

銷售我們自己的專業給看網站的邀課單位，用網站與文章的規劃去完成線上無聲的說服與專業觀感的提升。

NOTE

【作業練習：完成你的二十篇文章，並在之後思考與修改這些文章的關聯性，完成兩到三組的系列文章。】

還要寫什麼才能提升購課轉換率

當企業真的遇到需求，開始與你做第一次的提案，請你提供課綱，這時候你除了文章以外，現場的訪談技巧（請參考本書：4-3 職業講師的課程目標管理），與提出解決方案的能力，也會變成採購方的關鍵決策點，你會發現每一位好講師大概也都是一位好業務。

「轉換」是最關鍵的事情，因為我們職業講師的收入就是靠這一塊了，前面的內容行銷規劃的多好，要是走到了客戶面前無法完成最後一哩路，那就前功盡棄了。

所以這階段的內容策略會是：

你應該要寫你如何與其他家企業談課程需求與規格，並且你是如何提供出顧問意見，協助企業的系列課程規畫更完整。

你可以寫你如何拆解一門課程的需求的文章，像是：「我如何規劃一門課」、「我如何從 _____ 中看出這系列課程的風險缺口」之類的文章，可以當作你在與企業建議課程規劃時很重要的依據，讓他們可以相信你的建議與專業。

持續寫作，也能進行客戶關係管理

很多的講師授課結束之後，就與企業斷絕關係了，因為這些企業很可能是管顧幫你牽線的，因此很多講師對於與企業關係的經營基本上沒有多去著墨。

> 很多講師總是很被動地等待下一季或是隔年再收到企業邀約，但是這樣的節奏感其實就等於把市場讓給別人去搶。

除非你的課程定位與品質十分卓越，否則基本上很容易被其他積極型的講師給搶走市場，所以這時候你要是懂得經營自己與企業的關係，那是非常關鍵的事情，因為很多直客很可能就是從這些企業人資的口碑中得知你，而直接找你授課。

所以職業講師一定要想清楚一件事情：

> 已經聽過你的課程的企業，就是已經信任你的企業，這些企業和那些還沒認識你、還沒相信你、還沒請你講過課的企業是完全不同的情況。這些已經相信你的企業甚至你是可以直接提案的。

我們要如何利用內容策略，與企業維持長期的專業關係：

- 第一點與文章無關，但跟專業有關，你的課程品質一定要卓越，才有所謂的關係可言。

- 第二點，你要讓他們持續看到你的成長，看到你在拓展專業，或是你在研發新課程，這時候你所讀的書籍方向與讀書心得就是一個很關鍵的內容。

- 第三點，你們要一起看著企業未來的目標，像是轉型。

最後一點是一個職業講師非常常遇到的問題，系統化思考的老師會遇到轉型、銷售的講師會遇到轉型、行銷的講師也會遇到轉型，重點是當企業轉型時，你對這四個字的理解程度會決定你所扮演的角色。

所以這階段你可以寫的是：讀書心得、讀書會活動後檢討、讀書會簡報分享，都可以創造你在與時俱進，讓大家看到你未來的產品研發方向，以及你的日常閱讀學習走向，並且讓別人看到你不斷鍛鍊自己專業與運課手法。

這對於已經服務過的企業人資來說，他才會知道如何和這位老師進行長期的合作，並一起面對未來企業在知識經驗上的缺口。

關鍵決勝點 ● ● ● ●

如何可以讓你的客戶願意不斷回購？

這一段就是一個企業與一位職業講師最深厚關係展現的方式，當一家企業重複找你時，請問你做了什麼樣的累積，讓你提出了只有你才能提出的提案？

> 你如何讓企業知道，重複找你和新找一位職業講師有什麼樣的差異呢？

在台灣有一家企業連續找了我四年為他們的企業舉辦企業競賽，由企業高階主管出題，學員提出相對應的企劃案，由我教學與指導他們，最後由總經理與其他高階主管和我進行最後的競賽評分。這家企業每年從這樣的活動中，讓主管可以找到新進人才，讓員工可以改變大家對他們的既有印象，這已經變成這家企業的儀式了。

而我連續四年服務他們，我創造了什麼是其他講師無法取代的價值呢？我知道這家企業的：

一、企業的歷史與演進

二、歷屆優秀的學長姐目前的出路

三、我深知他們的企業文化

四、還有歷屆比賽的優秀作品

五、該企業過往成功個案中所隱藏的關鍵企劃原則 15 條

而這些都會成為我在每一屆教學中獨有的素材與關鍵品質的建立，這也就是所謂的客戶回訪時，你應該可以彰顯你的差異化品質與服務的方向。

個人品牌就是當對方不認識我時，就已經信任我的專業

基本上，當你可以寫完上述那幾種文章時，你的專業度在寫作的過程中也逐漸提升了，累積個一兩年，那時候你就可以體會這句話：「所謂的個人品牌就是：當你還不認識對方時，對方就已經相信你了。」

這時候，寫作就會是一個別人無法輕易超越的競爭門檻、企業長期關係的經營、新客戶開發的方式。

而你也會從那些紛亂的邀課需求中解脫，因為當你定位明確時，就已經拒絕了那些可能因為你自己定位不清而來的課程邀約。

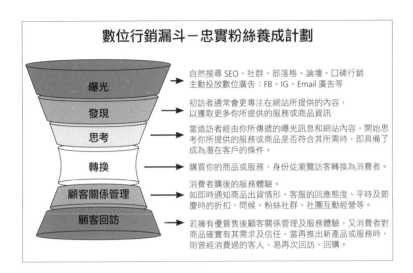

NOTE

【作業練習：利用表格盤點你目前的寫作現況，有的打勾】

現況	內容總類	曝光	發現	認知	轉換	客戶關係	客戶回購	文章屬性
	專業文	V	V					基本文章
	工具文	V						曝光能力較強
	系列文		V	V	V			企劃與專業力要強
	時事文	V		V	V			即時分析判斷與專業
	個案分析			V	V	V	V	問題分系統化思考
	課後檢討				V		V	感謝與反思文

3-3

講師專業文章的寫作架構懶人包

為什麼你覺得專業文章不好寫？

最基本的行銷文章，寫作目標是讓學員覺得講師有專業底蘊、有自己獨特的風格特色，進而對講師進行邀課或是進一步研究。

這類的文章很多講師都會覺得不太好寫，因為：

● 一來覺得自己難得的獨特見解就要這樣分享出來嗎？

● 為什麼要免費分享出來呢？

● 另一個原因則是這樣的文章品質很高，寫作頻率也就相對低？

所以很多講師就會因為這幾個原因而無法培養起寫作習慣。

但是我相信很多的職業講師也會有這樣的感覺，就是常常看到有些年輕的講師寫了一些「比較基本的專業文章」，以我

的簡報領域來說就像是《抓圖免費工具大彙整》、《如何快速建立簡報說服架構 123 原則》，這些文章雖然簡單，但是也得到不錯的流量。而你的心理感受大概是這樣文章都可以有那麼多流量喔？那麼淺？說真的，要你寫可以寫，但是你會覺得自己寫這些文章也沒動力。

很多專業講師會認為，以現在自己的專業來看寫這些淺層文章搞不好還會讓人誤以為自己的能力不足，但是也就是因為這樣的思考模式，讓年輕的講師總是可以很快地跟上你，與你搶占市場的教育預算。

關鍵決勝點 ● ● ● ●

職業講師最常見的寫作盲點：不寫簡單的文章

做事情要回歸執行策略的目標，寫作的目標有一個很關鍵的部分是：

寫作是為了讓更多潛在學員認識你，那你要考慮的不是文章的專業度，而是潛在客戶最常搜尋的常見問題是什麼？

幫自己創造新客戶，越早得到潛在學員名單或是學員的信任越好。

你可以寫很多專業的文章，但是這些潛在客戶走到你面前之前，早就已經上過其他講師的課程了，一個人這輩子想要上的簡報課程是有一個數字的，頂多兩到三次，每一次的決策都倍數的困難，所以當你總是以為寫專業的文章可以彰顯你的專業時，真正市場運作的情況可能是：「學員先從那些簡單但是搜尋頻率高的問題，找到了某一位講師的文章，然後因為文章去上了那些老師的課程，上完之後基本能力提升了，更難以上同樣專業的課程。」

當你不寫簡單文章，只寫專業文章，你只是在幫別的講師養學員專業，相信從這樣的角度來看，你就會知道為什麼市場不是屬於你的。

專業文的寫作發想方向

雖然你準備開始寫作了，但可能苦於找不到題目，這時候可以從下面這樣的角度來發想：

思考在職場中的各種場景與困境，你和學員在面對一件事情的時候會有哪些不同的應對之道。

這些應對之道就是專業文章的來源，像是：向上報告、銷售報告、專案報告、結案報告、跨部門會議報告，就是一個根據不同情境發想的方式。

另一種發想的方式則是靠流程的拆解。

像是簡報對象分析、目標設定、說服策略、資料搜尋、資料簡化、數據基礎強化、簡報製作、平面設計調整、動畫設計調整、開場與結論強化、問答集準備。

這些都可以成為你發想的方向，這邊我就提供一個舉證表格給大家參考。

這表格就可以成為一位講師日後再盤點自己的專業，與盤點寫作規劃時最關鍵的表格，而這些表格中我們只要填入文章的標題即可。

每個領域的講師都可以根據「場景、基本流程」的舉證表，來盤點自己的專業底蘊與文章清單。

簡報情境與步驟	向上報告	銷售報告	專案報告	結案報告	跨部門會議報告
對象分析	《為什麼主管總是說「這不是我要的」差異在哪呢？》	《了解你的採購必問的三個問題》			
目標設定			《商業提案報告最關鍵的一步驟：效益規模的說明技巧》		
資料搜尋	《新事業提案關鍵資訊搜尋策略，三階段》				
資料簡化		《對內與對外報告中最關鍵的內容差異，給他們要的，不是你有的》		《那些結案報告都忘記講的最後一個章節：未來規劃》	
數據基礎強化					《跨部門會議的溝通基礎：了解彼此的 KPI》
平面設計調整	《萬用的平面設計技巧：黑底白字橘重點》				

簡報情境與步驟	向上報告	銷售報告	專案報告	結案報告	跨部門會議報告
動畫設計調整				《大量的數據如何化零為整的説出洞察與想法》	
開場與結論強化		《銷售報告,也許你不應該從產品開始説起》			
問答集準備	《那些決策層主管必問的三個關鍵問答集,你可以接招嗎?》				

專業文的寫作常見標題

文章標題是這個社群時代中,影響開信率或是點擊率很關鍵的部分,同樣有好內容的文章有時候只是標題上的差異,可能就是一兩百次瀏覽數的差異了,所以這邊治華老師提供幾種標題思考的方向與範例給大家。

自學標題的技巧其實也很簡單,就是找到該領域知名媒體與社群,看半年的熱門文章標題,你就可以抓到下標的技巧與心法了。

- 情境標題

  《為什麼主管總是說「這不是我要的」差異在哪呢？》《對內與對外報告中最關鍵的內容差異，給他們要的，不是你有的》《大量的數據如何化零為整的說出洞察與想法》《銷售報告，也許你不應該從產品開始說起》《那些決策層主管必問的三個關鍵問答集，你可以接招嗎？》

- 數字標題

  《了解你的採購必問的三個問題》《新事業提案關鍵資訊搜尋策略三階段》

- 操作標題

  《商業提案報告最關鍵的一步驟：效益規模的說明技巧》《那些結案報告都忘記講的最後一個章節：未來規劃》《跨部門會議的溝通基礎：了解彼此的KPI》

- 萬用必學標題

  《萬用的平面設計技巧：黑底白字橘重點》

- 痛點標題

  《這次又升別人，沒升主管的人不懂的辦公室應對》

- 提升目標標題

  《晉升主管的三個你該懂的管理思維（一）》《想要年薪百萬嗎？那你該學好的成交３大公式了》

● 學費標題

《從虧損300萬的提案報告中我學到的一件事》

文章撰寫架構表格

最後，你準備開始動手寫文章了嗎？

這邊我提供給大家一個快速表格，根據裡面的架構說明，每一段寫約一到兩百字就可以，一篇 800 字的文章很快就出現了！

內容總類	文章屬性	架構說明
專業文	基本文章	情境描述／問題說明／解決方案／效益說明／誤用提醒／差異說明
工具文	曝光能力較強	情境描述／困難點／工具介紹／操作說明／效益說明
系列文	企劃與專業力要強	每段日子，整合過去文章，找出在同樣的情境與流程的文章即可成為系列文章
時事文	即時分析判斷與專業	事件說明／關鍵因素分析／學習說明／應用說明／本次所學
個案分析	問題分析系統化思考	事件說明／關鍵因素分析／學習說明／應用說明／影響說明／下次規劃
課後檢討	感謝與反思文	課程規模說明／課程目標／演練現況／問題分析／本次學習／下次規劃

3-4

一位講師的邊界，
你該追求滿分課程嗎？

學員的吸收與轉換需要時機

　　我總是說我是一個佛系的老師，因為我相信有些時候學習是需要一些機緣的，我很喜歡一個詞「緣時」。

緣時的意思是說。一個好的道理要進到一個人的心裡，需要一些時機。

　　舉個例來說，一個意氣風發、商場得意的成功人士，當他的人生正在勢頭上，你跟他說要對現實謙卑點，你覺得他會聽得進去嗎？肯定不會，反之，當他的人生突然發生了一些意外，像是原本看似完美的事業前程突然出了問題、或是事業的關鍵伙伴離開，讓他突然覺得很多事情其實我們能掌控的不多，這時候，我們跟他分享「對現實謙卑」，你覺得他還聽不進嗎？這就是緣時。

　　我覺得老師與學員也是一種緣份，老師與學員是在什麼樣

的心態、環境，與人生什麼樣的階段下相遇，就是一種緣份，這緣分決定了一位學員吸收與落地轉換的程度。

所以雖然在教學技巧中，我雖然利用了流程與制度確保我可以照顧到每一個學習動機高或低的學員，但是在一些關鍵的本質與價值觀中，我還是相信緣時。我也覺得有些學員吸收知識與經驗需要一些時間，別人學得會不表示所有人學得會，畢竟人不是一個標準品，每個學員的價值觀也不同，我也希望保留一些彈性讓學員去發揮。

什麼是對企業有用且願意回購的課程？

所以，我們要不要去追求一場滿分的教學呢？在講師的教學品質中，最關鍵的不是學員的滿意度，而是企業的回購率，我都已經做到 N 家企業多年的合作與回購，那我是否還要去追求一場滿分的教學？

甚至我有教過一場滿意度不高的課程，但是人資單位卻說這就是他們要的效果，並要我繼續加碼開課，人資的說法是：「課程不是為了學員的滿意度而設計的，他要一個老師可以好好把現實的複雜帶到學員面前。」所以考倒了好！所以被挑戰好！有人不服氣好！說真的我無法想像最後課程的滿意度是如

何？但是這人資可是全程陪伴到尾。

所以一位職業講師要不要追求一個滿分的課程？

一位職業講師的 60 到 80 分是他對自己專業的累積，而 80 分到 95 分則是他們對於運課技巧與課程設計有關，而 95 到 98 分則是職業講師自己獨有的洞察，與當下對於學員的點評與應對來決定的，但是，98 到 100 分呢？我覺得是一種個性，是一種教學風格的定位。

但是最近我陪著一家集團在做企業轉型的專案，我三不五時地出現在那一家企業中，頻繁的像是我要去上班了一樣，受邀了四年，第四年人資覺得他的布局與我的專業都夠了，就開始了一個企業轉型的大專案，從董事長都出現的高階主管讀書會（亞馬遜），到高階主管的目標設定、中階主管的目標與任務規劃，到職員的簡報技巧，我都講遍了，我們都玩得很真，我們一起點評所有學員的簡報，學員講 10 分鐘我們聯合點評 20 分鐘，我們甚至分享了我們在看到學員題目中我們內在態度的轉變是在哪個關鍵點，這是一個有高度、深度與高頻率的合作。

也是因為這樣的合作，有一天的下午，當我們點評完學員的提案簡報時，這位人資夥伴就找我喝下午茶，他說：「治華，我可不可以給你一個建議？」我說：「當然好。」

人資夥伴：「治華你知道我為什麼找你來負責這計畫嗎？你扮演很重要的角色。」

我：「我知道，從最高老闆到基層員工我都開課了，我知道這不是小事情。」

人資夥伴：「你知道某某老師嗎？你知道我為什麼不找他嗎？」

我：「我知道，他的能力很強，你找他我也不意外。」

人資夥伴：「但是我還是不會找他，因為他教的都是書上的、理論的。沒有同理的，但是外人看來很厲害，學員真的學習到的部分就…。」

我：「我知道，他很懂經營。」

人資夥伴：「但是你知道嗎？那是因為我知道你的特色，既是賣點也可能是缺點，你習慣用多情境去教學，而且思考的深度很夠，讓他們思考多種可能的情況，你也聽得懂學員工作上的真實情境，這是為何我找你來的理由。」

我：「嗯嗯，但是？」我知道接下來一定有但是。

人資夥伴：「但是你知道嗎？在其他外商中，我相信很多

外商會選擇那位老師，因為你的節奏感要更快，某某某太商業了，但是外商就會選擇他的快節奏，他們不會等你的醞釀，你會想要等待學員成長，但是某某某不等待，他會在現場逼出改變。」

我：「但是這樣逼，學員的腦袋底蘊不夠，做出來的也不一定好啊？」

人資夥伴：「但是學員會在現場改變，會有個樣子。」

人資夥伴：「你是有很成熟的教學技巧，成效也好，但是你沒有給于學員壓力，你給了他們成長的時間與彈性，但是我想要給你一個建議『不要有彈性，但要有壓力，要敢要求』。」

為什麼學員會給一門課程滿分？

這時候我突然想到了一些生活中的觀察，我常常會看到有些學員在推廣一些講師的課程，我都在思考為什麼那些學員有那麼強的動機去推廣呢？大概這樣的學員會有幾種推薦的理由，下面給各位講師一份檢核表，看看你做到了哪幾項。

曾經有過	滿分課程學員體驗説法	你的課程中還缺什麼？
□曾經擁有 □滿分理由	「課程超級燒腦！把我過去那些零碎的知識都串起來了，我從來沒想過還有這樣的角度可以看事情，點醒我了！」	
□曾經擁有 □滿分理由	「作業超級困難！最近已經很忙了，拚了命和其他組員一起利用課後時間開會討論！總算是做到一個自己以前想像不到的成果」	
□曾經擁有 □滿分理由	「課程氛圍很棒！很享受！一下子一天就過去，完全不會累」	
□曾經擁有 □滿分理由	「應用效果明確！今天學到的知識我今天馬上就應用在我的工作中了，解決了一個困擾我多年的問題了！」	
□曾經擁有 □滿分理由	「分享在課程中他有多拼命，或是最終演練之前他重新翻了幾次自己的構思！」	

　　我不知道大家是否有去觀察過那些真正的滿分課程、極高分的課程，或是那些極有影響力的頂尖講師他們課程的評價比較偏向哪些推薦理由呢？我在表格中列舉的五種學員評價其實都是極高分與滿分課程的學員評價，但是我沒說真正「比較高比例可以變成是滿分的課程評價」是哪一種，而你覺得呢？

　　要是你覺得這是一個滿分的關鍵，你就可以在這個表格中的滿分理由打勾，而要是你自己的教學評價中也有類似這樣的評價時，你就可以在曾經擁有的部分打勾，反之，要是還沒有這樣的評價時，最右邊的欄位就是給我們做一個自我反思，為

什麼我們沒有這樣的評價,那我的教學內容中是缺少了什麼?為什麼沒有這樣的評價呢?

這部分我不會馬上給出我自己的答案,因為說真的,選擇什麼?就是都做到試試看啊?都試過才知道啊!最起碼會知道哪些是適合自己的教學,哪些不適合,而且讓自己的教學提升起碼多了兩到三種新的嘗試方向。

關鍵決勝點 ● ● ● ●

我們如何設計課程?

其實除了教學,還有課後關係的建立

從剛剛這五種我覺得相當具有代表性的課程評價中,我們隱隱約約的可以知道其實我們在規劃一門課的時候,好像不是在規畫教學而已,還有很多潛在的設計原則,像我自己的課程設計原則中就有一條是默默地建立起學員的信心,讓他們在每堂課最終的演練時有信心可以去做一個高強度的現場實戰挑戰。

現在我想跟大家分享,還有一個區塊的課程設計規則是比較少人會去思考的,就是課後關係的建立,這樣的課程是他們有比較高比例的課後作業,而且需要分組討論才可以完成的,像這樣的課程其實在課後演練時最大個問題就三個:

- 一、課後開會時間不好喬

- 二、各家企業或是不同部門的員工不好聯絡

- 三、彼此成員間的溝通或是關係不好熟絡

所以有些厲害的職業講師就會在課程中去設計橋段來協助學員在課後的練習，像是在課程中就讓大家建立起了 LINE 群組（改善喬時間的問題與不好聯絡的問題）、建立一個學員可以彼此交心與深度認識的橋段，像是請彼此自我介紹時分享一些非專業主題，但是又可以表達他們價值觀的方式，像是最近覺得自己最快樂的事情是什麼？最近最有成就的事情是什麼？這些非專業的分享反而可以讓學員之間有更深層的認識，這在日後課後分組練習時就會起到非常關鍵的效果。

這時候你就知道設計課程時有太多潛在目標的設定了，而這些潛在目標都是在修飾與協助學員的腦袋走到了一個比較好的學習、分享與自我挑戰的狀態。

> 我們在設計的其實是學員的腦狀態：準備好分享了嗎？準備好貢獻了嗎？準備好挑戰了嗎？準備好一起分組討論溝通了嗎？

講師要敢於給學員適度挑戰與壓力

這裡我想分享一個小小的故事，以前我在一場直播演講上面遇到一位學員的提問是這樣：「老師你教商業簡報，有時候我們在談判時，你真的相信自己可以說服了對方嗎？會不會有一種情況就是說服不了對方的。」要是你們會如何回答呢？因為這個問題中包含了很多關於本質的原則：「像是我一定可以說服一個人嗎？我可以創造需求嗎？有沒有一種可能是他根本不可能被我說服呢？有沒有一種情況是無法談判的情況？」而那時候我的回答有很多，但是有一點我想跟大家分享：

當你無法帶給對方壓力時，你就無法說服對方。

因為這就是一個不對等的情況，你需要對方而對方不需要你時，你談判什麼？你說服什麼？

而我只是想帶出一件事情，就是壓力對人的影響，因為有時候人資會找我聊一家企業的營運，他們常問我說為什麼某些部門就是不想嘗試新技術？不想挑戰新事業？我都會淡淡地問一句：「不嘗試部門會垮嗎？不挑戰公司會倒嗎？」有些人資朋友就會比較遲疑的回答起碼短期一定不會，我說這就是原因了，因為沒有生存壓力。

人的核心改變動力其實不多，一個是自我認知，當他衷心

想要追尋某件事情時，他就會自動自發的產生行為上的改變，像是小孩要出生了，很多男生就開始戒菸了，因為他認知到他自己要成為父親了，所以可能多年的生活習慣就一瞬間改變了。

另一種改變的核心就是生存壓力，沒有生存壓力的人，改變動機就會很薄弱，而學習也是一種改變，對於那些帶著明確目標的學生來說，他的認知很明確，那對於那些認知還不明確的學員，你可以創造他們的生存壓力嗎？

而這一段我也只是在暗示我自己對於那些課程評價中，我認為可能會成為滿分評價的選項，你現在知道我的答案了嗎？是的，我就是不打算明說到底是哪幾個？還是哪一個。因為我知道當我寫出來了你就會用你的筆畫線，表示這是重點，但是要是我不說，你就會去思考那是哪一個？這也算是一種教學設計，不是嗎？職業講師有另一部分的課程設計就是在設計學員腦中的運作機制。

我想這個謎題的答案我已經暗示了，就不分享給大家，讓大家在未來的路上有些方向可以依循，鑰匙我放這個，歡迎大家去打開這樣的大門，看看門後的風景。

一個講師的教學三層次：一是專業夠、二是教法好、三是建立一個學員願意挑戰與有適度壓力的教學情境。

3-5

什麼樣的人適合當講師？和講師職涯定位

「老師我適合當講師嗎？」這個問題從我開辦《職業講師的商業思維》開始，到現在我開《陪伴式講師訓》，都是三不五時被問到的問題。

這篇我就來跟大家分享，我自己認為的：

- 一、什麼樣的人適合當講師？
- 二、講師這一條路對於一個人職涯的意義在哪？

什麼樣的人適合當講師？

我們可以從幾個面向來作自我的篩選。

個性層面：喜歡學習、分享、分析與聆聽的個性

在這邊我不強調學習，我會把學習當作是分享與分析的結果，也就是說學習不會只有從書上或是課程中來，對於生活經

驗的分析與分享，就是把生活當作一種學習的方式。

而這裡面我覺得無可避開的就是分享，分享的個性會決定你當講師是否開心快樂，分析的個性決定你當講師的專業深度。所以我會用這兩個個性來當作自我篩選的主軸。

而懂得聆聽的習慣，則是妳對於學員提問的掌握度，很多講師因為有了一些經驗之後最常有的改變就是：「為了證明自己很懂，往往會打斷學員陳述問題，直接說出答案。」我常說：「人要懂得對現實謙卑。」

聽完每一個學員的提問，是相信每個問題中有巧妙的不同之處，聽得出這些巧妙之處，才可以回答到學員的心裡。聽得出這些巧妙之處，才可以對於問題有方方面面的理解，包含對於提問者目前人生階段與能力的理解。

所以聆聽我覺得是一個講師應該精進的核心能力，讓學員的問題來引領我們的成長，這樣才有風格，這樣才懂變化萬千的可能性。

所以在個性方面的檢核表很簡單

● Nice to have：**學習、聆聽**

● Must to have：**分享、分析**

你可以打勾幾個呢？

專業層面：這就是資格論了

當然這邊就要先切分你想要教授的主題是專業還是非專業的？

非專業主題就是比較柔性的服務，應用的情境不是在職場，像是：內在對話、兩性溝通。這邊強調的是頻率與戰功，過去妳已經有相關的經驗了嗎？或是已經輔導過多少人呢了？建議以 20 人為基本數字。

而專業主題就是職場中所需要的那些專業能力，像是：專案管理、簡報技巧、談判溝通、數據分析或是工具操作，這部分的資格就明確了，簡單來說可以直接定義自己是企業內訓講師，基本上我會建議你有兩個關鍵要素：「三年以上的主管經驗」、「有具體戰功」。

三年以上的主管經驗（有第二階主管的經驗更好），這表示你擁有「團隊建置與營運經驗」，這會成為日後講師之路的天花板，沒有營運經驗的講師不是沒有專業，而是沒有經驗，這樣是無法和高階主管（日後的學員）對話，無法同理。

有具體戰功（這是很關鍵的經歷），在真實的世界中有戰功是一件不容易的事情，這表示你可能對內的溝通與對外的進攻都有不錯的處理能力，而且我們可以從戰功中萃取你自己獨

有的經驗與能力，這一定是屬於妳自己的實戰風格，而不是從書上得來的，算是一個講師的核心價值所在。

所以在專業層面上我們的檢查點就是：

● 柔性技能：

　○ 實戰經驗，過去已經輔導過超過20人了嗎？

● 專業技能：

　○ 三年以上的主管經驗

　○ 有具體戰功

從市場層面來思考：這是年輕講師最卡的地方

過去我常說：「一個職業講師面對市場的能力決定了他的生活品質，一個職業講師的商業思維決定了他的職涯高度。」

所以這部份的檢核點就直接在市場操作面了。我會用這幾點來檢測一般講師面對市場的能力：

● 是否已經寫超過20篇的文章

● 是否已經上台分享過10次以上

● 可以分享的主題是否有2～3個

　　我想你可能會問：為何是 20 篇文章？這是因為就我過往的經驗來看，人的短期經驗，可以熟悉運用的部分，大概就是 10 篇文章的量，要是超過 10 篇就表示你擁有初步的研發的能力、挖掘自身經驗或是撰寫行銷文案的能力。這很關鍵。

　　我要求上台過 10 次，但是除了驗證妳的實戰之外，我有一個額外的要求，就是妳要在超過五個社群中分享，不能只在單一通路上分享，這是要驗證你的通路力，而不是只有上台經驗。

　　可以分享的主題是否有 2 ～ 3 個？這是另一個很關鍵的底蘊：「產品的研發力」，我們生活在一個社群的時代。而社群必須要搭配產品研發力才可以產生延伸性的價值，因為你的鐵粉基本上再喜歡你的課程內容，也很難來上同樣的課程兩次以上，所以為了要可以經營既有客群，你的研發力就是一個關鍵，沒有研發力的講師就算有了社群也無法獲得什麼樣的優勢。

　　所以在市場層面上我們的檢查點就是：

● 是否已經寫超過20篇的文章

● 是否已經上台分享過10次以上

● 可以分享的主題是否有2-3個？

　　這幾個查核點就是一個人適不適合投入職業講師的關鍵，就請大家好好的自我檢視一番。

一位講師的底蘊在他的個性（生活之道），一位
講師的專業天花板在他的職涯層級，一位講師的
教學之路在他面對市場的能力。

我希望你有好個性，因為個性我無法幫。我希望你有好歷
練，因為歷練無法改變。我希望你有面對市場的能力，要是你
還沒有，沒關係，這我可以協助大家。

講師這一條路對於一個人職涯的意義在哪？

最後，我想要快速地跟大家聊聊我們每個人，與講師之間
的距離與關係。距離就是文章上半段的累積，而與講師之間的
關係呢？

講師是一個專業經理人的第二張王牌，是一個專
業人士的組織外部價值。

我們就從組織外部價值來作思考，一個人要是沒有組織外
部的價值，那他的價值就被單一組織所定義，因為只有這家企
業會付給他薪資。這很可能是一種箝制，尤其要是你的職涯運
氣不佳的話。

反過來，當你有自己建立組織外部價值時，當你有上台分享經驗的能力時，你會發現當別人把你當外部人才來看待時的條件，跟別人把你當作一個過於有意見的內部員工來看待時，那會是兩個世界。

第二點，當你擁有讓自己的知識與經驗兌現的能力時，你的人生可以有一些喘息的時段。我自己的職涯就是這樣，我過去離職幾乎都是裸辭，但是不在職場的期間內我都是利用兼職講師的方式，創造了甚至不輸給在企業上班的營收。

你可以喘口氣、你可以強化你過去的能力缺口，其實每一次的離職，都應該搭配一段補強能力缺口的時光，你可以快速的成長（因為解決一堆學員的問題），你可以等待更好的機會，因為你已經擁有獨立創造營收的能力。更重要的是你會開始擁有營運思維，跳脫過去的執行思維。因為講師這職業也很有可能一瞬間的轉變成你的主業，做好準備聆聽市場的呼喚就好。

將你的人生經驗兌現的能力

你知道最棒的是什麼嗎？

最棒的就是當你成為一位講師之後，你就擁有了一個將人生中所有經驗兌現的能力，過去的成功個案，那是你的戰功，

會帶給學員專業信任度。過去的失敗，那是你同理的基礎，你會因此更懂得學員的苦，不會變成那種只懂講原理、看書教的講師。

要是你有好好的覆盤，其實那些失敗經驗更會成為你課程中最關鍵的學習素材。

現在，如果你在職場上已經有三年主管經驗的人，你可以好好思考一下你人生中的 Plan B。

我這輩子從沒規劃要成為講師，但是我最終變成了一位職業講師，而且享受著在商業世界中嘗試新商業模式的趣味。

第四章

教學技巧篇

4-1

職業講師要追求的
企業內訓模式

我長期在一家知名 2B 的數位行銷公司中進行公司每年一度的簡報競賽大賽，有一次我從下午一點半開始，現場點評了 18 位年輕朋友的行銷企畫簡報，一直馬拉松點評到了晚上十點，是一場八個半小時的點評。累，真的累，但是我連續服務了這家公司四年。而我自己在商業簡報與商業策略上，也已經持續了五、六年的教學經驗。

我想從一開始我還是菜鳥講師到現在職業講師，有過許多「授課形式」上的摸索，在這裡要一一為大家拆解。

半天課程，基本上只是一場測試

半天就是只有三小時不到的時間，扣掉下課與教學的時間，只有小部分時間可以做演練，這樣的效果其實不好，因為我們從學習金字塔中很明確的可以知道，只是聽課對學習來說幾乎會在兩周內忘記大部分的學習內容，所以即便當下的滿意度

是好的，對一家企業來說，價值真的不高，畢竟「教學需要時間成本，學習也是需要一定的時間成本，然後學員才能融會貫通」，所以我在培訓一些年輕講師時常說：

> 「企業內訓的標準就是七小時，不要把三小時當課，三小時只是一個基本測試而已。」

一天的課程，分組討論可以實踐，但個人演練不足

透過演練成果，累積為特定產業客製化課程的實力

　　一天的課程就是七小時，上午三小時教學，下午四小時可以繼續授課與讓學員進行分組演練，馬上在現場就可以知道今天的教學成果，更可以經營最後的演練（這邊建議演練要是企業的真實個案），演練中講師也可以判斷自己教學的內容與他們真實場景的磨合度、落地性。因此在這過程中我都會建議講師自己要「記錄（拍照或是筆記）學員的產出」，當你蒐集到一定的學員產出、現場提問與討論之後，你會發現自己慢慢有能力為這產業「客製化」你的專業課程了

小演練針對個人，大演練驗收組成果

　　這邊我也先提供職業講師在設計課程中的一個建議，我們都知道一門課的演練會有嚴謹的邏輯串接，一定都是先從一些小演練的堆疊，幾場小演練後累積到最後讓學員可以處理最終大演練的能力。但是即便在分組狀態下，初期的小演練我都建議還是要以個人的 real case 為演練的內容，只有到最後階段才進行組的演練，這樣組內的學員才會感受到這學習與他自身的關聯性，而不是一邊配合一邊覺得「我幹什麼為了別人的題目動腦袋」。

　　而直到最後的大演練，我們才彙整個人在一天下來的演練學習經驗與想法，聚焦到一個組的題目上，這樣最後才會有多元的、跨部門的價值，與經驗的累積與呈現。

　　所以以這樣的角度來看，一天的課程對職業講師與學員都有不錯的收穫，但是最後一次的大演練，講師只能驗收與點評「組成果」而非「個人成果或應用」，所以他當然比不上每個學員都演練自己的題目的效果好。

一天加上另外專屬演練的課程，讓演練落實到個人

這樣的課程基本上強化了一天課程對於「學員個人練習」的部分，以一個人半小時的時間進行專屬的個人 Demo Day，這時候最終的產出與成果就會從「組成果」真正走到「個人成果或應用」。當然願意走到這部份的企業不多，通常都是培訓幹部或是高階決策層主管才會有這樣的教育訓練的預算，所以這種課程的設計就變成「一天課程 +N 小時專屬演練」的形式進行，小班制比較多。

這裡面其實有一個種變形，就是在專屬演練之前的一對一諮詢與教練式服務，這是走到個人 Demo Day 最好的優化方式了。假如你的課程在最後的報告是學員要跟高階主管或是總經理報告，那我就會強烈的建議，一定要做好學員的品質管理，一對一諮詢就是必要的流程，這一點就可以主動跟企業人資建議，大多數的情況下他們是願意多規劃一些時數讓最後跟大老闆的報告是有一定的水準的。

一天加上另專屬演練再加上回訓，課程走到實務

這又是另一種形式，但是重點在所謂的回訓，很多人會誤以為回訓是公開班中的重複聽講的權利，但是企業內訓中的回訓是所謂的：「教學與現實衝擊後的調適」。

所以回訓在內訓中通常會隔一個月甚至到兩個月後，因為學員會將你所教的知識與經驗作在地化的調適，也就是說講師的教學內容在不同企業文化、不同位階時的適配性，這時候的課程內容應該是：

● 問卷調查來盤點衝突點（講師教學內容）。

● 學員分享他們落實後的心得與微調技巧。

企業講師如何才能快速累積實力？

以上這四種教學形式，大家也可以進行微調，像是隔周的演練中間就最好還要安排客戶作業等細節，但是這邊也跟大家分享一個關鍵概念：「一位講師的教學底蘊與門檻是發生在第三與第四種形式」。

也就是同樣是在教課，為什麼有些講師兩三年就累積很強的實戰能力，其實就在他所提出的教學形式可以走入企業多深，可以協助學員到多深，所以要是你的教學大多停留在第二種，那說真的累積的教學經驗是弱的。

反之，你從表格中更可以看出除了教學形式給予自己的鍛鍊之外，更可以增加自己對企業提案時的教學時數。

教學形式	形式特色	講師鍛鍊	時數	教學次數
半天課程	講師入門磚，測試用，深度不足	聽是最差的學習方式，把教學手法練好	3 小時	
一天課程	可以走到分組演練，但是可以獲得講師點評的只有最後的組題目	講師的點評技巧要開始強化	7 小時	
一天課程＋個人 Demo Day 演練	從組分享走到個人分享，沒有人可以躲在組的後面不練習	大量的 real case 點評累積要順便踏實的記錄學員個案增加對該行業別的認知	14 小時以上	
一天課程＋一對一諮詢（教練服務）＋個人 Demo Day 演練	確保最後品質可以有一定水準，學員跟高階主管報告前的品質管理	累積除了專業建議之外，還有很多對於他們工作限制上的同理與激勵能力	21 小時以上	
課程＋回訓	可利用問卷的方式了解教學的衝突，針對性的在提出調整方案或應對態度	了解教學內容與學員所處企業環境限制中的衝突，找出專屬於這企業的洞察	+3 ～ 7 小時	

4-2

真正改變企業的企業內訓模式

當課程變成競賽，當學員變成選手

　　上一篇提到的教學方式，是一般講師會遇到的 90% 狀況，但是在這兩三年的教學經歷中，我發現了一種很獨特的教學形式，也是我自己覺得最棒的教學形式，因為他不只可改變學員對自我的學習目標的認知，更可以成為改變企業文化的一種教學形式：「企業競賽式的教學形式」。

教學形式	形式特色	講師鍛鍊	時數	教學次數
企業競賽	高階主管需要參與最後評分，學員才會知道這是玩真的，這也是完全是以學員的角度出發的學習形式	協助定義競賽題目與最後關鍵的驗收 KPI，因為很多的競賽讓企業不愛的原因就是無法將比賽成果帶回企業日常中的執行，像是創意競賽優勝可以改變目前的企業運作流程或是獲得產品研發的資金嗎？	3 小時	

與其職業講師用盡自己所有的心力去教育學員（過去的專業與教學手法），真正好的企業內訓，其實不是教，不是把講師自己的知識與經驗「推給學員」，而是直接給學員屬於自己的舞台、戰場，讓他們最原本的樣子與聲音被看到，讓學員自己去爭取自己的成長與對自我的認同。

舞台架好了，你就塑造了選手，讓他們意識到自己不是員工，員工不為誰而戰，選手會為他自己的舞台而奮戰。

而這邊有一個很重要的關鍵點，像是我一開始提到與我合作企業競賽的公司就做得很徹底，每年這家公司的總經理與各高階主管都會加入最後的點評，全公司三十多人在那一天幾乎都放下了自己的工作，全心的、從上而下的重視這場競賽，所以你會慢慢感受到為什麼我會說這會改變一家企業的文化。

你在戰場中就會找到英雄，江山一代，人才輩出，那些有能力突破年資的樸石都會在戰場中顯示他們的能力，所有在去年工作中覺得自己被誤會的也會在此證明自己，重新定義自己在企業中的品牌價值。

講師強，還是學員強？

在之前這樣的競賽課程中，有些朋友我從他們還是員工，看到他變成資深、到現在變成了公司的中流砥柱、高階主管，而在這次的競賽中我更發現了一件事情，這一家公司的每一個員工的基本簡報設計能力都已經是目前業界簡報設計公開班的水準了，注意，是每一個。這是一件很可怕的事情，因為我常說：

「職業講師的高度應該是一家企業的最低點，才是真正的教育。」

但是大部分的情況是一位講師的高度，已經是這家企業中高水準的基準，講師強沒用，學員強才是有意義的。

那時候我才發現這四年的累積，我第一年教他們簡報與創意提案，第一年他們學員最起碼學會了簡報設計。第二年呢？這時候已經有部分的員工簡報設計水準到一定的程度，他們開始把學習的挑戰走到的創意提案的部分，這時候對於這家企業來說簡報設計已經不是重點了，因為還在職的員工大多數都已經上過簡報設計的課程，而他們的日常產出就已經有一定程度的水準了，這時候我們已經走到讓每一個員工（即便是還沒過試用期的員工），都可以做出目前業界簡報設計公開班之後的水準，因為他們看到的每一個前輩做出來的簡報都是中高的業

界標準，因為他們第一次進職場就是生活在這樣的水準的環境中，所以沒有人的簡報設計是不 OK 的，一家公司最低水平的表現就是這是家公司品質最具體的呈現。

這是品質文化，也就是職業講師的高度應該是一家企業的最低點。

而第三年呢？我們開始從創意提案的定位，走向了策略提案的思維調整。你覺得再幾年策略思維會成為這家企業每位員工提案的基本能力呢？

從上到下的建立共識，從點評讓彼此學習表達

讓我說一下這樣競賽的一些執行細節，這樣的競賽每年都是發生在他們公司最忙的月份，真的，連一開始我都不確定是否要辦在這業務最忙碌的月份中，因為大家應該知道我最在意的就是學員的績效，而不是我的課程，學了一堆課但是企業營收卻沒成長，那肯定是我們的教育有問題，所以真的是很感謝這公司老闆對於這傳統的支持，對！真的是這家企業在面對員工抱怨：「為什麼要在這月份辦比賽呢？」老闆自己說：「我就是要在這樣的月份中給你們高壓的訓練，這就是我們企業的傳統」。

假如煤炭終究需要高壓才能成為鑽石，這場競賽就是那場高壓。

而在這樣的教學形式中，不是說講師把自己放得高高的，讓學員拼命就好，其實不只選手累、評審更累、企業老闆與高階主管也累。因為每一個選手除了上台以外，更會收到一份設計過的簡報點評表，在一天中，也試著點平其他17選手的簡報，選手只要上台一次，但是評審卻要給出十多份的點評意見，這是一場踏實付出、深入了解客戶與創意才華的戰場，我們除了點評創意，更會去思考學員對於客戶的了解是不是已經做到了深刻的研究？明明是意氣風發的客戶卻給他防守策略？明明是危機四伏的客戶卻給他盲目往前的策略？

連評審都會先去研究這些客戶的背景。

所以過程中，你不乏看到那些會讓你心生讚嘆的洞察，你也會看到那些因為一兩句話讓一場提案成敗扭轉的關鍵洞察與說服技巧，因為這裡就是戰場。而評審就會歷經十多次的點評分享，這時候你就知道真正在學習與鍛鍊的不是只有學員，包含主管都在學習，只是主管在學習的是點評，不同的主管針對同樣一份提案，肯定會有不一樣的點評與建議，老闆則是從中觀察出，這些主管的洞見、細緻策略與引導能力，而主管之間也會看到彼此的思維高度、創意巧思與策略思維是否有可學習之處？報告者累，點評者更累。

競賽之後的產出設計，才是價值的開始

很多的企業不太喜歡舉辦簡報競賽的原因，其實我是知道的。舉個例來說，我們是一家科技大廠，那我們順勢地舉辦一場企業內部的創意提案競賽好了，那這時候企業人資一定會被要求相對應的 KPI 是什麼，我們只要思考一件事情就是，要如何驗收？創意競賽的結果可以每次都成為研發新方向嗎？或是新的事業項目嗎？要是不能的話，明年還會有這些勞師動眾的企業競賽嗎？

所以我們在定義企業競賽的教學形式時，你一定要先去思考最後的驗收項目會是什麼？

內部標準化、外部特色化，讓內部的標準變成外部的競爭力。

「剛剛 A 員工使用我們內部數據系統分析客戶的方式，日後要成為標準流程！」這是建立工作數據上的標準化。「C 員工，你打破了我對於你的既有印象，明天起跟我一起跑客戶端。」這是優質人才評選，甚至可以變成日後儲備幹部名單。「剛剛 V 員工利用客戶的話推進自己的提案，這是大家要學習的地方！」這是細緻的提案技巧與心法，屬於這家企業獨有的提案特色。「今天這些報告，我幫大家整理出了十四條關鍵原

則，日後會做一個份 check list 讓大家檢視自己的提案。」這是品質檢核表的產出，你會發現其實過程中當然有很多具體的產出，而且是可以量化的標準，也只有先有這樣的概念之後，你才有辦法也站在企業營運與人資的角度上來看這件事情的投資是否合理。

所以像是內部標準化或是外部特色化，最起碼就會有下面四種產出。

一、工作標準流程的調整報告：

去評估專案時程上過案率是否提升，專案運作時間與人力是否真的有所減少，或是過往重複發生的問題在未來消失了？這些都是可以去思考的流程修正方向，其實也就是在告訴我們競賽的規模可以很大、很重視，只要我們有踏實的去思考競賽的題目，在大多數的情況下，這些競賽過程中的產出是可以豐富且有效的。

二、品質檢核表，check list 的建置：

可以建立制度有踏實過檢核表的提案，是否過案率提升？

要是提升了，那日後提案要以什麼樣的 check list 來檢核，或是一個命令的就要求各部門改善，都是可以的。而我們也不要擔心這些 check list 或是流程改善的效益是否鮮明，因為檢核表與流程都是一個基本版，就是提出來才可以與真實世界碰撞衝突後，再進行下一個版本或是不同事業中不同版本的修正。

三、成功個案分析報告：

一個提案要有什麼樣的架構才會提升過案率，今天提案規格要到多完整才可以提出多少金額的提案？有哪些關鍵契約簽了讓這個案子過了都沒獲利？這些都相對具體與可以落地，不會說競賽完成後就消失了，而是會深深地長期的影響這家企業的文化。

四、人才辨識、儲備幹部名單：

很多的時候我們提出的人才與高階主管、老闆的意見相左，這時候就可以創造一個共同的評估素材，讓這些高階主管也可以從中找到他們所需要的人才，而且這樣的提拔過程更不容易被人質疑「為什麼是他當儲備幹部」因為員工們都在戰場上看到彼此的展現了，就自然而然地解決了很多的問題。

4-3

職業講師的課程目標管理

如何開始規劃一門課程？

課程規劃就是一個問題分析與解決的過程，再加上系統化的思考與教學手法。

「如何規劃一門課程，如何利用一門課程達成邀課單位的需求。」是當講師最關鍵的底蘊之一，所以這邊最起碼包含兩件事情：

● 第一點，課程需求的釐清

● 第二點，講師自身能力的釐清

然後才會有第三點職業講師的授課內容。

我們如何釐清課程需求？

　　「這是一般常態性課程還是有些特殊目的的課程？」這是我和企業人資溝通時的第一個問題，雖然不管他的回答是哪一種，我都會希望可以再多抓到一些學員的真實現況，畢竟有時候你真的會得到：「嗯，就是一般性課程，沒有什麼特別的需求，就一般的簡報課而已。」的回答，這時候你該怎麼辦？以下分享幾種方式。

資料蒐集：最小配合成本原則

　　「那我可以看一下學員在這方面的產出嗎？我可以簽NDA或是他們可以擋住部分敏感資訊，或是一份簡報只需要給我一兩張投影片就可以了。」有些時候當人資並沒有明確的需求時，那你就要學著從學員的產出觀察出重點。因為說真的，直接看到學員的現況，已經是第二好的價值衡量資訊了。

　　這邊在溝通的時候有一個訣竅，而且我已經示範給你們看了，就是「最小配合成本」，你會發現到在我剛剛的問句裡面，我有三個層次的要求：

● 一整份簡報

● 簽NDA

● 幾頁簡報，一頁簡報的層次感

　　從最完整的，要到最關鍵，最容易準備與收集的資訊，人資與學員在配合上越難、越多細節，你就沒有機會要到這些資料，所以要記得「最小配合成本」的概念。

要讓他人協助你，要讓對方協助得輕鬆方便。

　　幫我主要提出這樣的問法時，大多數的人資同仁都是願意配合的，而且在訪談過程中，他們也可以感受到你對課程重視與熱情。

需求訪談：用瞭解取代回答

請記得，訪談目的是現場了解現況就好，不要試著教導。

　　不同的授課內容也會有不同的情況，因為我教的領域是商業簡報所以我要求的會是學員的簡報當作參考，但要是你教的是屬於一些無形的課程像是談判，那我會建議你甚至可以要求直接訪談學員，看看他們真實的現況。

當然在訪談的時候也有很多訪談的技巧要學，而當你的訪談技巧還不太成熟時，我可以先給你一個關鍵的原則：「現場了解現況就好，不要試著教導」。因為他根本沒有預期會被你授課，甚至現場可能直接否定你給的所有建議，他們會用一句話來說明：「老師，你不懂，我們遇到的情況是⋯..」要是你讓學員在訪談時說出這種話，那與其擔心你的課程，我可能還要更擔心你對課程準備的自信心是否已經被打破了。

我們對於每個學員都要有同理心，那你就會知道他說出這樣的話也是正常的，因為要記住訪談現場不等於教學現場，教學現場還有很多的授課技巧是可以打破學員的成見，與帶給他們更好的視野與高度，訪談的時候你不會有充足的時間去完成這些流程，所以對彼此的困境都有些體諒與了解就夠了。

需求訪談的關鍵：找出關鍵情境與失敗點

還記得一開始我有問：「這是一般性課程還是有特殊目的的課程？」當他說有特殊問題時，就會很適合使用這個原則，我常說一門課最關鍵的就是你抓到他們的關鍵情境，那基本上你只要提出適當的解法就可以履行你的教學目標了，但是最難的點也就是如何分析這些關鍵情境，我都會用下面這張表格來快速地描繪學員所遇到的真實情境。

情境	決策者	溝通者	目的	應對策略	失敗點
銷售報告	A 公司採購	B 公司業務	希望 A 公司採購我們家的商品	在競品中效能最強價格最優惠	但是專案檔期需要七月才可以交貨
向上報告	公司主管	我	希望公司購買新設備	做好競品分析，找出最適商品	老闆只說這提案不是他要的，不太清楚失敗的原因
跨部門會議	A / B / C 部門主管	我工程師	希望 B 主管答應我們部門的需求與提案	說明與組織目標的吻合度，並說明彼此權責區分	對方說沒空間的人力了，不是不願意幫忙

這個表格歡迎大家拿去用，但是你一定會發現針對你的專業，其實可能這樣的情報還不夠，沒關係，很正常，因為這只是一基準，你日後一定會有自己訪談的標準格式，這邊就是讓大家有一個最簡單的開始。

而完成這表格之後呢？

我的教學重點就會擺放在「應對策略與失敗點」的部分，我可不可以針對這些現況提出一些具體的解決方案與準備步驟？而不是給對方一個原則而已！

要是我可以規劃出學員日後遇到這問題時的準備步驟，那

教學的品質就已經有一定的專業度了。而這部分我會在後半段
課程規劃時與大家繼續說明。

如果需求訪談時對方不願多談怎麼辦？

記得，推進不要逼進。

其實上面那一個表格是訪談過程中的理想狀況，因為真正
的情況可能是訪談者不願意多談他自己的做法，也不知道自己
失敗的原因，所以後面兩格是空白的，老師不是說我們要針對
這兩格做課程的設計嗎？空白怎麼辦？這邊教大家幾句簡單的
說法，我們就可以勾勒與討論出這些空格的答案，或是他們的
解決方向。

讓對方多說一些的提問技巧

當訪談者在這一塊的回答有點模糊時，像是：「我就是跟
以前一樣準備報告的方式啊，就失敗了，我也不知道為什麼？」
像這樣沒有線索、沒有參考價值回答，我們只需要多問這句話
就好「喔？那可以請你舉一個例子嗎？」這時候就可以慢慢的
往更清晰輪廓的方向討論過去。

或是你也可以這樣再問下去：「所以也就是說你是用
_____ 的方式去溝通嗎？（你幫他舉例）。」這時候，你就會
發現他可能會說：「對，我大概是這樣進行。」或是：「不是喔，
我不會這樣說。」這時候你就可以再問那一句經典的提問：

「喔？那可以請你舉一個例子嗎？」或「那可以再幫我多補充一點嗎？」

這時候你就會發現，他勢必要往更真實的細節去說明，我
們也可以從這樣的對話中增加對真實的現況的了解。

在訪談的過程中我覺得只要走到釐清「應對策略」就夠了，
至於「失敗的原因」可以有他的回答（但是也只是一個推測喔！
不一定表示一定對喔，這回答只代表了受訪者的認知），但是
你更應該有從自己過去的經驗與知識中去判斷，要是對方說不
出失敗原因，你當然可以用「5 個為什麼」的方式去逼進，但
是那到頭來很可能只引來了對方的反感，因為那在訪談的過程
中對方很有可能感覺到「那你的貢獻在哪裡？」「都我講那你
當什麼老師？」這些負面的回應。

所以我才說我們應對的策略應該是推進而不要逼進，有些
答案你必須要自己找與定義。

先同理，再安撫，再認同，再挖掘

　　需求訪談就是一門學問，他甚至就是銷售的一項技巧與過程，我也常常在這樣的訪談過程中讓原本找我講一門課或是一梯次的企業，變成增加其他課程或是增加梯次，而這個過程中我往往會有這幾個注意的事項。

● 先同理：

　　講師說真的已經不在企業內部了，而忘記最快的往往就是對於職場不合理性的接受度，像是：資訊的不透明不對稱，目標的模糊，要求的不合理性，所以要是用最理想的角度來看待這些訪談你會有一種感覺：「一些提案需求真的是企業都沒想清楚就來找我？」那我只能跟你說，要是他們都想清楚了就不一定會找你，而我自己的作法則是：「想不清楚找我才有價值啊？因為我可以協助他們釐清啊！」

　　所以如果你是站在一個批判的角度來訪談，那我只能說講師圈你會走得非常辛苦，只有可以設身處地站在對方的角度，才有可能一起探索到真正值得被解決的問題。

● 再安撫：

　　此外我覺得在對談的過程中，一定也會看得出不管是受訪者或是人資的困難點，這時候其實就是安撫他們，協助他們，

我們是因為我們的貢獻與專業而產生價值，不是因為判斷對方而產生價值，所以當你也感受到他們有點無奈時，主動的安慰他們一下吧！畢竟，我們也都是過來人不是嗎？幾句「我懂」、「我以前也有遇過類似的事情，真的，熬一下就過去了」、「這種辛苦我們自己懂就好」都可以讓他們更信任你。

● 再認同：

這時候說真的，我們只要多說個一兩句話就夠了：「在這樣的狀況下你可以做到這一點我也是佩服你了。」「在這樣的狀況下你可以做到這一步我以前也做不到／你真是太猛了。」這時候，你就會發現整個訪談的氛圍就都變了。

我想跟職業講師分享：我們服務的對象不是只有學員，我們服務的對象還有人資、還有和我們一起經營企業關係的管理顧問公司啊！他們都是我們要服務的對象，讓別人總是覺得和你合作很愉快、安心與舒適，不是一個很關鍵的事情嗎？

● 再挖掘：

其實講師的價值不會只出現在課堂中，在訪談的時候，在與人資規劃課程的時候就可以產生價值了，像我自己在與人資討論時，我都會去思考幾件事情，我們整體系列課程（簡報只是其中一門）是否完整了？是否預防了風險？或是這樣幾門課搭配起來，其實這已經超越系列課程了，這根本是一個企業內

部的新事業規畫的規格了？這其實已經是一個企業內部企劃競賽的等級了，當我們可以更精準地提出預防風險的計畫，或是給系列課程一個更好的想像時，你會發現，往往那些都是一個新的事業的可能

職業講師課前訪談也是一種顧問諮詢

像是有些企業找我去協助高階主管跟總經理報告，那我都會在原來的課程中增加一個預防風險的規劃：最終 Demo 預演，或是過程中一對一的顧問諮詢服務，或是在企業競賽中，成為他們的評審而不是只是一位講師而已。當然在競賽的過程中也可以加上最終 Demo 預演或是過程中一對一的顧問諮詢服務，這時候你就會發現，整體服務的價值幾乎是增長了一倍的需求，但是彼此都可以獲得更好的成長與學習，老實說，有走到這樣的客戶幾乎都是每年會回購同樣的服務，因為我們都知道這價值感已經超過了我們彼此一開始的想像。

而這些技巧，不只是用在訪談者身上，也適用於人資和管顧直接的溝通與合作，所以大家一定要認知到一件事情：

好的訪談技巧可以幫助我們了解現況，更可以幫建立企業對我們專業度的信任。

4-4

職業講師的課程架構管理

　　就如同我一開始說的「課程規劃就是一個問題分析與解決的過程，再加上系統化的思考與教學手法。」

　　當今天有一個課程需求來的時候，我們應該怎麼做呢？

一、完成對於學員困境情境上的了解

　　這可能是開課單位的期許（更好的方向），也可能是想要解決某一種特定問題，先了解一下學員的現況或是特定的目標與期許。

情境	決策者	溝通者	目的	應對策略	失敗點
跨部門會議	A / B / C 部門主管	我工程師	希望 B 主管答應我們部門的需求與提案	說明與組織目標的吻合度，並說明彼此權責區分	對方說沒空閒的人力了，不是不願意幫忙

我們以之前提到的情境表格作演練，我們就先以跨部門會議為例子。

二、進行問題分析與解決

這時候你可以先根據自己過往的經驗去思考，為什麼跨部門溝通會有障礙，為什麼對方會不想要配合，你可以先把自己想得到的原因都先記錄下來（可以用便利貼，日後可以調整權重與順序）。

對方拒絕的原因	應對之道
根本不了解對方目前的業務壓力	先開會前會，了解對方的業務壓力
具體作法的人力與時程不明確，導致對方無法配合	具體的權限分工與時程規劃表
沒有抓對到關鍵決策者是誰，根本要求錯方向	了解溝通跨部門順序、決策流程與如何表達自己的目的
似乎有種成敗都是因為對方的感覺	說清楚權責區分
有種價值與順序上的衝突，配合度不高有衝突	從組織目標下來才是部門目標，當平行組織意見相左時，就思考更高一層級的目標，比較容易達成共識
自己說明的邏輯不佳	強化自己員工的基本表達邏輯
合作的價值不明確	專案完成後好像功勞與價值都在自己的部門中

以上這些簡易版的問題分析，就是一個講師對這個主題的了解程度有多深，有些當然可以日後蒐查資料的時間再補上，但是一開始直覺的選項往往是你自己最感同身受的、有親身經歷的教學內容

有些年輕的講師會遇到一個問題，就是有一個課程需求與自己的主題有點相關，但是卻又有點差異，這時候要不要接這門課？或是該如何接這門課？就應該從自己對這主題的了解（問題拆解）程度中去思考，簡單的說要是沒想個七個以上就表示你對這個主題的熟悉度可能還不足喔！

三、決定問題的分類、順序性與重要性

重要性	分類	對方拒絕的原因	應對之道
2		合作的價值不明確	專案完成後好像功勞與價值都在自己的部門中
3	部門	自己說明的邏輯不佳	強化自己員工的基本表達邏輯
4	內部	具體作法的人力與時程不明確，導致對方無法配合	了解溝通跨部門順序、決策流程與如何表達自己的目的
5		沒有抓對到關鍵決策者是誰，根本要求錯方向	說清楚權責區分
6	部門外部	似乎有種成敗都是因為對方的感覺	具體的權限分工與時程規劃表
7		根本不了解對方目前的業務壓力	先開會前會，了解對方的業務壓力
1	組織目標	有種價值與順序上的衝突，配合度不高有衝突	從組織目標下來才是部門目標，當平行組織意見相左時，就思考更高一層級的目標，比較容易達成共識

做到這一個步驟，你就可以整理出一個課綱的輪廓了。

今天我們要教一門跨部門溝通的課程，我們設計的課程就會變成這樣，大分類就是一個段落，失敗原因的分析就是我們要教學的主軸，應對之道會在下一個步驟再說明，所以我們就可以稍微修飾一下文字，將分析表直接變成課綱！

一、以終為始，以組織目標為目標

● 解決跨部門價值衝突的關鍵

● 以組織目標為談判基礎，而非部門目標

二、釐清部門規劃，創造明確分工與效益

● 提案的基礎：明確的提案架構與價值

● 雙贏的基礎：為對方創造的價值為何？

● 資源的盤點：明確的分工與專案時程

三、跨部門說服策略，會前會的關鍵

● 會議管理：會前會與部門會議的差異

● 說服基礎：如何降低對方的風險感

● 面對說服：意外的強烈拒絕，你應如何做

所以要是我規畫一個跨部門會議課程時，我就會有一個類似的課綱輪廓出現，這時候大概已經是可以快速提供給企業做

一個參考的提案了（但是請記住一定要備註一句話：講師保留課綱修改的權利），因為說真的有些企業是會有當天上午提需求，就希望當天下午提供課綱的可能，或是「老師有沒有一個公版的課綱？」這就是現在馬上的意思。

　　但是一位企業講師在提出課綱的時候，其實比公開班嚴謹很多，以上的版本公開班大概就可以接受了，但是對於企業內訓來說來缺兩個關鍵資訊：時間與階段性的教學手法。

四、決定教學手法與時間分配

重要性	分類	對方拒絕的原因	應對之道	做不到的原因
2		合作的價值不明確	專案完成後好像功勞與價值都在自己的部門中	經驗不足
3	部門	自己說明的邏輯不佳	強化自己員工的基本表達邏輯	能力不足
4	內部	具體作法的人力與時程不明確，導致對方無法配合	了解溝通跨部門順序、決策流程與如何表達自己的目的	能力不足
5		沒有抓對到關鍵決策者是誰，根本要求錯方向	說清楚權責區分	能力不足
6	部門外部	似乎有種成敗都是因為對方的感覺	具體的權限分工與時程規劃表	經驗不足
7		根本不了對方目前的業務壓力	先開會前會，了解對方的業務壓力	態度不對
1	組織目標	有種價值與順序上的衝突，配合度不高有衝突	從組織目標下來才是部門目標，當平行組織意見相左時，就思考更高一層級的目標，比較容易達成共識	經驗不足

在這一張表格中，你會發現我又增加了一個欄位叫做不到的原因，這個欄位是要讓我們去分析與思考學員原來做不到的原因，你會發現我大概有提供了三種型式：能力不足、經驗不足與態度不對，這三種原來學員可能做不到的原因，當然有些可能會有複合式的原因，但是我們就抓個主因，而我在判斷這三種做不到的原因時有一個簡單的依據給大家做參考：

能力不足：

方法論或是具體產出沒做好，就是基本能力不足，像是基本概念錯誤，如提案基本邏輯不明確，簡報動畫設計呈現錯誤。像是操作錯誤，如提案效益計算錯誤，甘特圖沒畫正確。我都會把他規劃在能力不足的地方，大概就是屬於一個做對與做錯的差異，會有著公正客觀的對錯判斷。

解決能力不足的方法：why/how/what/examples/practices（基本教學內容）

針對能力不足這樣的情況，我們的教學手法很簡單，就是知識傳遞、舉例說明加上小演練就可以了，像是這樣的表格填寫完，大概就知道要教什麼了。

教學架構	教學內容
為何要學？	對員工來説，在跨部門會議中最糟的一件事情不是對方拒絕我們，而是被自己部門的人吐槽，這會讓員工的個人品牌在公司中消失 對部門來説，要是每次跨部門提案都會被其他部門回絕，那自己的部門只會在高階主管眼中的價值感會越來越低
如何操作／執行？	流程：我們可以建立會前會的制度，快速直接的了解彼此的營運壓力 做法：總是規劃三、六、九個月階段性進度，調配時程
要做到什麼品質？	清楚的説出彼此要合作過程中的時程與每個階段的關鍵步驟，加讓清晰的年月，並且建立起彼此在執行專案時的溝通文化
舉個例子來説	第一個月進行競爭者分析與市場走向，確定我們提案的方向是正確的 第二個月進行產品設計與營運成本評估 第三個月開始籌備行銷計畫與 KOL 的代言選擇 而貴單位只需要在第三個月進行新產品的教育訓練的設計 並在第四個月行銷開走的期間，一起配合活動後廠商的後續服務 關鍵原則：讓賽道與營收成為第一考量 關鍵原則：行銷與業務行為並行創造產品銷售與顧問約
小型演練	讓學員開始進行規劃

　　這就算是一般的教學基本操作，整合了最簡單的黃金圈原理，給了完整的、基本的資訊，讓學員經營演練的過程中實際的操作過這樣的流程建立，累積基本的能力與素養。

經驗不足：

相較於能力不足有一個公正客觀的對錯判斷，經驗不足我會定義成學員做是做對了，但是在巧思、順序性與效率上並沒有優化的能力，比較像是品質上的差異，做對了但是沒做到位，或是沒做到好，或是切入一件事情的時候有三個選項（好，挺好，超好），但是他選不到超好的那個，公事公辦可以，但是面對一些未知的判斷不足，應變能力不足。

像是：提案的裡面一定都會有可行性與效益的說明，但是他對部屬會先講可行性再講效益，面對高階主管他也會先講可行性再講效益，這時候對高階主管來說可能資訊就太瑣碎了

解決經驗不足的方法：個案分析

教學架構	教學內容
人事時地物的設定	我們打算以低於競爭對手的 40%，也就是 9000 元一年課程無限上的方式吸收會員年費，因為這是極低價所以可以大量的獲取會員，是採取一個薄利多銷的方式進行低價切入市場，打下市佔率
關鍵點 / 提問點	低價是一個好的商業模式嗎？低價不是打壓了整個教育市場的整體價值？
分歧點	要是你你會選擇低價嗎？會的話，為什麼？不會的話，為什麼？

各項選擇説明	低價打市場是對的，因為這才會有後進者搶占市場的動力，另外當抓住了大量的客群時，可以從日後的中高價服務中去調整利潤，所以只要熬過初期，日後毛利就會快速的優化，而且可以建立競爭門檻 低價打市場是錯的，因為他降低了整體教育產業的產值，其實低於 20% 已經是一個有感的價格落差了，低價在過程中一定是消費了大量的免費資源（像是志工），而且初期產品品質一定低落，其實沒有必要，損人不利己
學員抉擇為什麼？	讓學員説明他的選擇與選擇原因
再次深度思考點	那切入市場有比低價更好更快的方式嗎？ 那重點是當競爭者這樣做的時候你可以防禦嗎？ 要是你是競爭者，當你已經低價搶占市場後，你會怎麼經營下一步？

　　這時候你就會從個案中發現，個案分析的探討是有各種可能性的思考，讓學員以他自己個人經驗來做選擇，並為他的選擇做出詮釋，個案分析與系統化教學最大的差異就是在對於「不執著於正確答案」或是「正確答案只會有一種嗎？」

　　最關鍵的是是否可以讓學員在了解、思考到表達這三段串接起來，讓他們知道自己的每個選擇的代價是什麼，更重要的是是否「有不同層次的反思」讓學員不斷的反思自己的決策所帶來的後果

態度不對：

　　態度不對除了現場的即時反應有問題之外，包含了一看就知道是不用心的產出或是快速的切換到受害者心態，像是對挑出一個提案的問題，整個人就負面思考，覺得對方在針對他。或是毫無準備的就帶著制式模板去跟客戶提案，被電之後只覺得客戶太挑剔了。或主管問他對於未來的規劃，員工雙手一攤，一點想法都沒有還覺得被 cue 很無奈。這些就是屬於態度與個性的部分，最關鍵的則是一種是個性與職務上的不搭，像是業務卻不太喜歡陌生開發的形式，只擅長營運舊客戶，無法開發新客戶，這反而是最關鍵的一點。

解決態度不對的方法：故事分享

教學架構	教學內容
人事時地物的設定	以前我在工研院的時候，有一次遇到一個很關鍵的機會可以加入一個國際級的團隊中，但是那時候我自己手上有一個很棒的專案，而且頭上沒有小主管，在職場上這是很棒的機會
關鍵提問	要是你，你會怎麼選擇？會去國際團隊？還是留在原部門有機會升主管？
倒敘最後長遠結果	我最後是加入了那一個團隊，在那一個國際團隊四年的經驗中，我累積到了日後進入講師業很棒的底蘊，我永遠記得我當時的決定，是我自己加班把手上的案子提早結案，才爭取到參加國際團隊的機會
你從中的學習	人生永遠往困難的地方走，因為那些地方人少，有寶藏般的經驗，一般的道路上走十年，你很可能什麼寶藏也沒遇到
給出期許	所以我希望除了今天在課程中你可以挑戰這些難題之外，回到職場更要懂得要給自己一個充滿挑戰性的目標，不要總對於任務說不可能，相信自己的可能！

　　而這樣的故事分享則不太重互動，但是重在於這故事的啟發，著重於這故事是否為親身經歷，都會影響你的故事的對於學員影響力的表現，但是這對於缺乏關鍵態度的學員則是可能給他了一個啟發與學習的角色，也讓課程不用太過於平舖直述，還可以創造一些起伏與學員對講師更深人格特質的了解，建立更好的課程互動氛圍。

於是，一門完整課程就架構完成了

　　這時候你就會發現，當我們再補上了教學手法與時間分配時，這份課綱就會有一定的專業感與完整性，這時候企業人資也才有辦法去想像你會如何應對問題與產生教學效益，嚴謹度也和公開班會有不同的差異，畢竟當你公開班寫下這些教學手法時，學員也缺乏企業人資的專業去判斷整體的時間與教學手法的運用與堆疊。

重要性	分類	對方拒絕的原因	應對之道	做不到的原因	教學規劃
2		合作的價值不明確	專案完成後好像功勞與價值都在自己的部門中	經驗不足	個案分析法 耗時 0.5 小時 （中型演練）
3	部門	自己說明的邏輯不佳	強化自己員工的基本表達邏輯	能力不足	系統化教學法 耗時 0.5 小時 （小型演練）
4	內部	具體作法的人力與時程不明確，導致對方無法配合	了解溝通跨部門順序、決策流程與如何表達自己的目的	能力不足	系統化教學法 耗時 0.5 小時 （小型演練）
5		沒有抓對到關鍵決策者是誰，根本要求錯方向	說清楚權責區分	能力不足	系統化教學法 耗時 0.5 小時 （小型演練）
6	部門外部	似乎有種成敗都是因為對方的感覺	具體的權限分工與時程規劃表	經驗不足	個案分析法 耗時 0.5 小時 （中型演練）
7		根本不了解對方目前的業務壓力	先開會前會，了解對方的業務壓力	態度不對	故事分享法 耗時 0.5 小時 （小互動）
1	組織目標	有種價值與順序上的衝突，配合度不高有衝突	從組織目標下來才是部門目標，當平行組織意見想佐時，就思考更高一層級的目標，比較容易達成共識	經驗不足	個案分析法 耗時 0.5 小時 （中型演練）

	教學手法	時間
一、以終為始，組織目標為目標		
解決跨部門價值衝突的關鍵 以組織目標為談判基礎，而非部門目標	個案分析法	0.5 小時
二、釐清部門規劃，創造明確分工與效益		
提案的基礎：明確的提案架構與價值	系統教學法	0.5 小時
雙贏的基礎：為對方創造的價值為何？	小組討論法	1 小時
資源的盤點：明確的分工與專案時程	系統教學法	0.5 小時
三、跨部門說服策略，會前會的關鍵		
會議管理：會前會與部門會議的差異	故事分享	0.5 小時
說服基礎：如何降低對方的風險感	個案分析	1 小時
面對說服：意外的強烈拒絕，你應如何做	個案分析	1 小時
四、現場實戰演練	上台 Demo 講師點評	2 小時

　　講到這，相信大家就可以了解為什麼我會把一門課程的規劃拆解成問題分析與解決＋系統化的思考與教學手法的應用。其實這也是當講師最關鍵的底蘊之一，當你無法清楚的拆解出這些企業所遇到的問題，那你的教學肯定是向在黑暗中開槍，一聲聲的很有氣勢，但是最後卻無法完成學員的改變、人資的期許，終究變成一場秀，華麗有氣勢、幽默又熱情，但是可能無法給於學員真正在職場中就地解決問題的經驗與能力。

　　所以針對每一門課，你完成了你的問題分析嗎？

4-5

職業講師的課程問題管理

沒接觸市場都叫做概念階段

講師是被問題養大的，學員的問題就是職業講師
最珍貴的資產。

一位職業講師是如何讓自己成長的？這就讓我想到了新創
圈裏面有一個說法，很多創業家會在跟其他人分享自己新事業
的概念時，讓人分不清楚他所提到的內容是他已經做到的，還
是未來才準備要做，很多時候創業家講了非常棒的事業規劃，
讓投資人或是一些計畫案的評審很期待、也很喜歡他的事業，
結果問到他的事業目前有多少人使用時，才不好意思的說出：
「啊，不好意思，這個網站兩個月後才上線，目前系統還在開
發中。」

這是一個糟的情況，因為我們很清楚的知道：「原來，它
的系統還在概念階段啊！」而我們就知道剛剛他所說的那些都
是想像、都不是真的，即便有著很大的合理性，但還沒有跟市

場接觸過的都是概念階段，而為什麼我們對於概念階段的說明那麼的反彈與不相信，這是因為沒接觸過使用者之前都是創業家自己對市場的想像，說真的，那結果可能是一瞬間的翻盤，網路上萬人響應，一人到場，因為創業家想像中的需求很有可能只有他覺得重要，我們說這叫被市場打臉。

而這樣的情境走到了講師圈也是一樣，我們不相信你說你的課程有多棒，我們只相信上完課後學員的反饋，與真正試圖落實在他們工作中可行性的討論。

學員就是講師的市場，而學員的提問就是他們對你的市場反饋。

身為講師我們當然知道自己的課程不可能會在第一次上課的過程中就走到一個極高的滿意度，這是正常的，因為關鍵是我們這次的課程是否有改進的空間，我們要修正哪部分的課程內容呢？哪一段是對學員有用的？哪一段是對學員沒有的？哪些是對學員有用但是是因為講師的教學技巧不好，讓學員覺得這不重要或是無法執行呢？

講師如何讓課程內容不斷精進？

這時候最關鍵的就是問題管理，你要管理學員對你課程的提問，因為這些提問就是講師在市場中最真實的回饋。學員的課後提問就是你課程中的缺口，「講師以為」與「學員想要」的最真實的回饋與落差。

「老師我覺得這一段教太快了，有點跟不上」、「老師我覺得我的主管不會在意你剛剛說的那一段耶」、「我們在運作的過程中這一段的時間很短，可能無法使用老師教到的方式耶，時間會不夠」、「老師你剛剛說的那個 ＿＿＿＿ 我們都不知道是什麼意思耶」這些提問，都是市場中最真實的反饋，想要進步？想要最精準的進步？那就將這些問題管理好，好好的解決，你的課程就進步了啊！

多簡單，與其自己猜測，為什麼不直接問市場（學員）！

所以很多講師無法面對市場做調適或是成長，其實不是自己的專業不夠，而是沒有掌握好學員或是企業的需求，所以我們要怎麼掌握這些需求呢？

我會將問題管理分成三個階段來思考：

- 第一個階段是「需求是什麼？他們找我上課要解決的問題是什麼？」

- 第二個階段是「管理與紀錄上課過程中學員的提問與疑問」

- 第三個階段是「在課後如何精準的讓自己成長」

第一階段，如何釐清需求，這時候的問題就是需求

接收直接訊息，不要只接受到間接訊息，因為最簡單的一種課程需求是「老師」，我們在接收管顧公司或是企業人資傳遞需求時，說真的，不是不相信管顧公司或是企業人資的說法，而是作為一位講師在還不太了解真實學員的反應時，你都必須要想辦法在自己課程前就要真實的面對學員，而最簡單方式就是請學員填寫問卷，只有這個動作才是真正的面對市場。

課前問卷，事前了解現況與目標

所以對於比較年輕的講師或是當我們接到一些客製化、挑戰性強的課程，我都會建議講師要懂得先製作課前問卷，直接從學員身上在課前得到最直接的回應，這時候學員的問卷說真的幾乎就等於一場 Open book 的考試。

　　這時候講師就會發現一件事情：「哎呀，問卷要怎麼設計啊？」很多講師也希望學員可以填寫問卷，讓他更清楚課程的需求與要解決的問題到底是什麼，但是真正關鍵的是你要設計出什麼樣的問卷，學員才願意真正的填寫你的問卷，並給你最真實的回饋，因為你會發現在現實中你寄出的問卷，往往沒有學員願意填寫，或是隨便的填了一些你一看就是沒有參考價值的內容，這也是另一種市場的打臉，不是嗎？

　　所以問卷要怎麼設計？說真的問卷的設計在學術研究時，它本身就是一個門專業的學問，甚至牽涉到統計學與填寫問卷者進行反覆行為驗證的設計（就是同一個問題用不同的問法，來驗證回答的答案是否真實具有代表性），所以要是我們要用最嚴謹的學術標準來做問卷反而也不切實際了，因為不是每位講師都具備那樣的能力，所以接下來我會分享一些多年來自己設計問卷時的關鍵原則給大家，這都是實戰下的野路子，就跟大家分享

問題的設計要由簡單到開放式問題

　　我們都知道學員要是信任了講師之後才可能說真話，給真回饋，但是今天課程都還沒開始，說真的我們遇到的第一個問題可能是「學員根本沒有填寫的動力」，問卷寄出去了沒有人

回應，或是回應的答案缺乏參考價值

　　舉個例來說，我們有一個很棒的問題是我自己常問的：「要是這一門課程可以幫你解決一個問題，你會希望解決什麼問題？」這是一個很棒的問題吧！說真的，只要我收集到這問題的答案我的課程目標就明確啦！因為我只要在課程協助學員解決這些問題，那不就是最實戰、最可以應用在真實場景中的知識與經驗，但是事實上要是你的問卷也就只有這個問題，那你可能會得到這樣的答案：「老師教什麼都好」、「嗯，沒什麼問題」這些問題是問不到真正的答案的。

　　這是因為開放性的問題在一開始學員還沒跟你建立信任時，他的回覆成本最大，你當然就得不到什麼樣的好答案，越級打怪得太快了，所以：

> **問卷設計要先從回覆成本很低的「選擇題」「填空題」開始，讓學員可以快速、方便的回覆你，在這樣的過程中學員才開始「習慣回答你」與「將腦子預熱好」。**

　　否則一開始的開放性問題就像是人生的一個大哉問：「你覺得人生最關鍵的事情是什麼？」一瞬間就是會讓學員無法回答。

　　所以很多時候問卷設計的順序性可以這樣安排（以簡報技巧課程為範例）：

以重要性與效率為設計的考量	學員填寫感受	以回覆成本高低做設計的考量	學員填寫感受
1. 你覺得今天的簡報課程中，要是你只能解決一個問題，你會想要老師協助你解決什麼問題？ 2. 你的工作年資是_____ 3. 若是給自己在簡報上面的專業度給分，你會給幾分？ □簡報是我的能力缺口 60 分 □我的簡報能力一般般 70 分 □常常有人說我會報告 80 分 □常常有人說我會報告 90 分 4. 你平常報告的對象是？_____ 5. 你之前最常聽到拒絕你的提案的理由是？ 6. 你覺得你的個性是？ □ 冷靜斯文 □ 風趣幽默 □ 熱情有勁 □ 其他	一開始就要回答開放性問題 腦袋還沒準備好，很可能這邊就開始不想要填寫問卷了 ---------------- 以下因為問題回覆簡單，所以會協助填寫，但是最關鍵的問題反而沒有用心地回答，這份問卷的價值也就低落了	2. 你的工作年資是_____ 4. 你平常報告的對象是？_____ 6. 你覺得你的個性是？ □ 冷靜斯文 □ 風趣幽默 □ 熱情有勁 □ 其他 3. 若是給自己在簡報上面的專業度給分，你會給幾分？ □簡報是我的能力缺口 60 分 □我的簡報能力一般般 70 分 □常常有人說我會報告 80 分 □常常有人說我會報告 90 分 5. 你之前最常聽到拒絕你的提案的理由是？ 1. 你覺得今天的簡報課程中，要是你只能解決一個問題，你會想要老師協助你解決什麼問題？	一開始就是簡單直覺地回應，建立起回覆的習慣 ---------------- 最後兩題才開始有動腦回覆的基礎，進入回答的狀態

　　所以你思考一下，這兩份問卷給學員在填寫時後的感受是什麼？這就是一個關鍵的問卷設計的訣竅，可以協助學員漸漸地描繪出他自己的報告現況。

根據課綱設計問卷，讓學員懂得品味課程

　　這一招很關鍵，其實問卷還有一種功能是課前的行銷，很多時候問卷填寫的設計思維都是在於了解學員，但是卻少了一層思考就是：

> 也可以在過程中增加學員對課程的期待嗎？甚至驗證自己對於課程需求的假設是否正確呢？

　　這作法其實很簡單，就是將我們的課綱，轉換成問卷的問題，讓學員在課前就可以被測試我們課程的設計的適配性與假設。

　　舉例來說：

課綱	問句化	針對學員的答案思考課程設計的假設，修正調整
協助學員快速的了解針對不同情境，客製化建立不同的説服架構	你是否可以清楚的了解，對外的銷售型的簡報與對內向上報告時的架構差異？ ☐ 清楚明白 ☐ 大概知道 ☐ 其實沒意識到這點 你覺得銷售行簡報最關鍵的部分是？ ☐ 需求了解 ☐ 採購價格 ☐ 競品分析 ☐ 成本與獲利 你覺得對內提案簡報最關鍵的部分是？ ☐ 需求了解 ☐ 銷售價格 ☐ 競品分析 ☐ 成本與獲利	課程行銷：這時候學員在填寫問卷的時候其實就會去思考，「ㄟ對耶，平常我好像沒特別注意到這問題耶」 ---------------------------------- 細部驗證：下面這兩題的答案，就可以驗證上面問題的回答是否正確，他們的答案是否符合你的教學方向，這時候就可以知道，要是他們都答對了，表示有些課程內如就要再深化與強調，才會讓這次的學員有具體的收穫，反之，要是學員在填寫的過程中發現自己的確定性不高，就會知道這次的課程是可以具體協助他們的課程，從何開始期待這次的課程
快速協助學員從大量文字形的簡報，走向視覺化簡報的三種技巧	你的簡報報風格是？ ☐ 文字化的簡報 ☐ 圖表數據化的簡報 ☐ 視覺化的簡報	需求驗證：這時候你會發現要是學員都填寫他們的報告是視覺化簡報，那你就必須要跟人資或是管顧公司再確定他們做報告的現況了，這些都是可以從問卷中得到的關鍵情報，因為我們可能假設為大部分是文字化簡報才對，這樣我們教視覺化簡報才會有其針對性

這時候你就會發現，要是你可以根據課綱設計問卷，你起碼可以做到兩件事情：

- 第一點，讓學員期待你的課程，因為你問了很多很關鍵但是他不太清楚的重點，所以他就會預期你的課程內容是可以解決這方面的問題。

- 第二點，了解現況調整課程假設，因為有時候我們會對學員的現況有些誤解，那我們設計出來的課程就肯定滿意度不高。

所以這時候你就可以避免在課程中學員跟你反應「老師這些我們大概都會喔」的窘況。

NOTE

【作業設計：請你們針對你們的課綱設計一份問卷內容，同時考量回答問題的難易度，修正其為開放式問題還是選項式問題】

問卷前測：務必請朋友試填寫

很多時候問卷最大的問題就是，你設計了一堆問題，但是這些問題的答案卻沒有參考價值，或是你看到結果之後很想繼續追問一些問題，但是不好意思一家企業只會配合你一次問卷的填寫，很少會有第二次的機會讓學員填寫問卷。所以要是你第一次的問卷沒有設計好，你不但無法更了解學員，甚至自己還會產生疑惑，帶著不確定的心情去規劃課程，反而更不好。

　　所以當你發現這問題的答案對你了解這門課程的需求沒有幫助時，你可以移除掉這個問題，而當你發現這問題的答案很關鍵，可以協助你了解現況與授課方向時，那就保留這問題，再思考是否需要設計追問，也就是系列性問題，協助你的問題可以一次就問到位。

　　這就是問卷前測最關鍵的兩件事情：第一個是確定答案對自己規劃課程的幫助，第二個就是懂得設計系列問題，提出關鍵追問，了解真實現況。

　　問卷調查就是等於創業中的市場調查，即便是概念階段都可以獲得市場的反饋，都可以讓你的課程規劃在還沒上課前就可以獲得反饋，就像我常在新創圈跟創業家分享「在創業的路途上，新創導師會不會是對的？不會。創業家會不會是對的？不會。我們一定要知道『只有市場才是對的』」

　　而我們講師上課也是一樣，只有釐清需求與可以解決問題的課程才是對的。不要等到被市場（學員）打臉的那天才了解自己準備的方向是錯的。

第二階段，管理上課過程的學員提問

其實我們在做問題管理的時機點，有五個時段。

● **一、課前問卷，請學員填寫，讓講師可以事前了解現況與目標。**

這是屬於課程還沒有開始的階段時我們可以做的問題管理（有點偏向目標管理），但是因為核心還是在於蒐集那最關鍵的問題：「要是只能解決一個問題，你希望我們幫忙解決什麼問題。」每堂課要是你可以蒐集到 20 多位學員的關鍵回答，我相信你在上課時會上得很明白，因為你終於看到學員自己分享了他們的問題與需求。

而之後的問題管理就會在與市場（學員）接觸之後了，所以還有這四段：

● **二、課程開場，請學員腦力激盪，寫便利貼，現場蒐集學員問題分類管理。**

● **三、課程中到結尾，紀錄學員迷惑的表情與所有的提問。**

● **四、演練的結果觀察，學員對於學習到的原則落實程度。**

● **五、課後滿意度調查表，請企業課後再提供學員的滿意度回饋。**

管理與紀錄上課過程中學員的提問與疑問,這是另一個我們可以瞬間補救或是強化我們授課效益的方式。

所以我之前在上「職業講師的商業思維」的課程時,我最後都會在課程結束前半個小時就完成課程內容的講授,保留半個小時左右回答黑板或是白板上我所記錄的學員問題,我會逐一地回應他們的問題,這時候你就會知道我其實聚焦的不是課程,而是今天來上課的學員,不是只來上一門課,而是這門課是否有真正提供他所困擾的問題一個解決方案(或方向)。我覺得這才是一名職業講師要做到的部分,而以我在台灣開了十六梯的「職業講師的商業思維」的課後滿意度與學員心得的分享數,我就可以告訴你這就是一個絕佳的授課實踐方式。

你是在上一門課?還是在解決學員的問題?

第三階段,如何在課後讓自己精準的成長

這邊我要跟各位分享我在經營「職業講師的商業思維」公開班時,我最常被人問到的一個問題,因為那時候我也不過是正式當全職講師的第二年吧!(之前有三、四年兼職)很多人

都在質疑治華老師憑什麼教這門課，這當然有很多的理由，但是最重要的有兩個理由：

- **第一個是我跨產業跨職級的職涯經歷，包含了一個事業的經營的各階段**

　　在我還在職場的時候，我累積了產品設計（資訊業：工研院資訊工程師）、社群經營、內容策略與商業模式的熟悉（媒體業：數位時代的網站主編與特助）、台灣數位行銷工具的應用策略（電商圈：東森集團新力方策略長），所以在過往的經歷上，我累積了一定程度的營運與策略思維。而講師在職涯中的經歷真的是一個極為關鍵的養分與沃土。

　　所以也跟年輕講師分享，不要一開始就想把教專業技能的全職講師當職業，去職場磨練個十年再出來會比較有底蘊。

- **第二個則是我管理了歷屆學員的問題共三百多個**

　　管理的意思不是只是蒐集，還要針對這些問題尋找出答案。所以，是的，這三百多個問題我都有自己的解決方案了。所以今天在台灣有我類似職涯經歷的人有很多，但是要是再搭配上有自己管理了三百多個問題的條件的話，大概就只剩我了。

　　這時候你可以體會到「學員的問題就是講師最珍貴的資產」，三百個問題管理是對一門課廣度的管理，從中找到最關鍵、重複性最高、解決難度最高的經典問題，針對這些問題去尋找答案，將問題的答案課程化、教材化，則是一門課程的深度與專業度。

　　所以很多職業講師會以自己教過多少學員為自我成長的里程碑，但是我是以自己管理過多少學員的問題當作自己的里程碑。你要是教過 100 位學員，卻沒有從這 100 位學員中獲得他們的真實世界中遇到的執行問題，那我會說其實我們是浪費掉了這 100 位學員的生活經驗，而你要是教過 1000 位學員，那你就是浪費了一千位學員他們的生活經驗，因為你明明可以因此精準成長，卻選擇了在黑暗中開槍（自己想像中的進步）。

NOTE

Tips：你知道嗎？這些問題我上課的時候都會帶著，有時候有些學員的現場問題我不是口頭回答而已（這很多講師都做得到），但是當我直接開出我曾經做過的回答問題的簡報，那時候給學員的感受就不一樣了。

NOTE

【作業：你到年底，你想要管理多少個問題呢？】

4-6

職業講師的課程時間管理

職業講師容易犯的三個時間管理錯誤

上課時間超時，在不同的情景下會有截然不同的結果，假如你在公開班，你的超時可能會被解釋為認真教學，額外的付出，學員還會感謝你的情意相挺，建立起相當不錯的學員關係。

但是假如你在企業內訓的市場，那你肯定會被學員客訴，因為他們都有固定的日常生活，四點半要上交通車，否則家裡的小孩晚餐沒人煮，這時候的解讀就是截然不同的情況了。

所以身為一位職業講師對於時間的掌握感，就必須要有很精準的拿捏，否則課程的滿意度很容易在企業內訓中出了大問題。

所以這部分我們就來聊一下一些職業講師在授課時比較容易犯的時間管理的問題。

一、太在意開場，壓縮了最後的從容結尾

開場是用事蹟、邏輯貫穿與戰功溝通，而不是不斷的加碼換取信任。

這是我常看到年輕講師常犯的問題，在開場的時候因為不知道如何掌握住學員的信任，因此沒有節制的脫稿演出，一下可能是時勢議題，一下可能是和家人發生的故事，一下是過去工作上的豐功偉業，一下子是同理學員工作上的辛苦，希望可以從大量的資訊去換取學員對講師的信任，但是這樣的開場不僅沒有建立講師與學員之間的信任，更大量的消耗了講師最關鍵的資源之一：時間。

二、過度低估了分組演練的討論時間，匆匆帶過

溝通是需要成本的，表達也是需要成本的，他們都需要時間。

我們在規劃一場教學中總會安排一些學員演練的時間，而有演練當然也就會有分享的時間，這一段是一般運課過程中很關鍵的部分，因為演練與分享從教學行為中我們知道會強化學員的學習與記憶的深度，因此每一場課程勢必都會帶到演練的

部分。

　　演練就是時間的黑洞，一不小心又會將時間吃光，像是一個簡單的互動往往都會吃掉五到十分鐘的時間，而大型的演練則一下一小時就會消失，尤其是課程最後的演練往往都是一個大型的演練，會有學員討論、學員分享與講師點評，甚至學員針對點評的提問與再解說，這會有一定的操作成本，很多時候往往就是學員做大演練的過程中課程就嚴重的超時了，而且更慘的是可能連學員的演練產出都因為時間不夠而造成各組零零落落的差異。

三、為了演練時的緊迫節奏感，忽略學員思考時間

　　有時候我會看到一些講師的互動演練在時間的管控上，為了要營造一個緊張感，而只給學員很短暫的時間，像是：「好！我們一分鐘思考一下！好我們三分鐘討論一下！好我們一分鐘分享一下！」這時候我都會覺得這樣短暫的時間夠思考嗎？這樣短暫的時間夠討論嗎？他們的表達有那麼精煉嗎？

　　講師最關鍵的資源就是時間，因為學員思考、討論與分享都會消耗時間，所以我常思考當我們給予學員不充分的思考、討論與發表時，他們的學習成效是真的好嗎？所以從學習成效的角度上來說，我覺得這樣的演練時間是被低估的。

即便是一位成熟的企業講師，都會擔心他們運課的流暢度與時間的掌握，因為從開場過分的消耗時間、到演練所需時間的低估，到刻意的壓縮演練時間，都是讓一門課程學習成效低落的關鍵因素。

如何做好課程時間管理？區分大小演練

那我們應該如何規劃課程運作的時間管理呢？

其實我都會把互動與大小演練區隔開，我們可以從下表中看出差異。

單一學員問答與表態	小組討論後口頭回答	小組討論紙本產出上台 Demo
互動（課中互動）	小演練（課中演練）	大演練（課程結尾演練）
操作流程		
1. 講師提問 2. 學員思考（一分鐘） 3. 講師選擇學員回答 4. 學員回答（兩分鐘） 5. 講師回應（兩分鐘） 3.4. 的動作重複兩次	1. 講師出題，解說題目（五分鐘） 2. 學員思考（一分鐘） 3. 學員討論（五分鐘） 4. 學員結論（兩分鐘） 5. 講師選擇組別回答 6. 學員回答（兩分鐘） 7. 講師回應（兩分鐘） 以六組來計算，重複5-7 步驟五次	1. 講師出題，解說題目（五分鐘） 2. 學員思考（一分鐘） 3. 學員討論（五分鐘） 4. 學員結論（兩分鐘） 5. 學員產出製作（二十分鐘） 6. 講師選擇組別回答 7. 學員回答（五分鐘） 8. 講師回應（五分鐘） 以六組來計算，重複6-8 步驟五次
整體時間	整體時間	整體時間
10 分鐘	40 分鐘	95 分鐘
講師回應學員的基本功	協助學員有效表達	協助學員產出具象化 講師學習長點評

● 簡單的互動：

　　講師提問，學生回應，講師回應，再問問其他同學的答案（要是第一位同學講錯的話），你就會發現十分鐘不見了。這裡面的彈性操作思維在於要是第一位同學就答對了，我們需要再問其他的學員嗎？其實是可以的，就看你要對這題目討論到多深，另外這也是互動技巧中的一招叫做擴散。

　　一個問題可以影響多少學員思考？當你開始請第二位學員分享自己的看法時，其他學員是不是也會思考：「那老師會不會再叫到我？那我的答案是 _____」這時候你就知道，當你多問一位學員，最起碼就多五到六位學員再思考一次這個問題。

　　而在互動中呢？我常要求年輕的講師要做到這句話：「學員回應，講師總結」或是「學員說一句，講師說一句」。千萬不要問了一個問題，學生給了一個答案，講師只是給他掌聲就結束了，講師應該要可以點評出這學員回答的品質，並給予更多或更深的思考的方向，這樣的過程才算是一個完整的互動，有來有往。

講師不斷的提問，叫權威。講師給予回饋，叫互動。學員對他的認同度也越高，同時也會慢慢的調控上課的氛圍，變得越來越熱絡。

● **小演練、大演練：**

　　所謂的演練則是以小組討論為單位，根據他們討論後的產出種類來決定是大演練還是小演練，最後的產出是口頭回答就是小演練，而有具體的海報紙將成果具體化則是大演練。

　　這時候關於小演練只有一個地方要特別注意，就是當小組討論時間結束時，我都會額外再多一段時間叫做整理結論，這是因為當一個人口頭回應時，他會思考他要如何回應，責任就在自己身上，但是開始分組之後這個責任感就會消失在小組的討論中，每個人都會說出自己的想法，但是，誰做總結？所以我在小演練的時候會多一個兩分鐘的步驟，讓小組學員可統整出一個結論。你要是沒注意到這一段，你就會發現討論過程很好，但是最後回答則喪失了品質。

　　而大演練與小演練差異最大的部分就是，大演練會有學員製作海報紙的過程，換到你的課程可能就是一個小組討論視覺化的演練，這過程往往是最花時間的，在我的簡報課程中他們會現場用海報紙畫出六到八張投影片來模擬真實報告的情況，所以這邊通常會花到 20 分鐘，最後學員發表時就肯定不會只有花口頭報告的時間，因為他們要講完一個簡易版的提案，所以連上台分享到講師的點評的時間也都增長，以六組來計算，你會發現大概一個半小時的時間幾乎就消失了！

一天內訓課程的時間規劃

所以當我們了解了這三種模式之後，我們來看一下一天內訓課程的時間狀態。

一個小演練＋大演練基本上就已經占據掉了 2 小時，所以一天七小時的課程現在只剩下 5 小時了，所以我常說一個七小時的課程應該可以放：

- 三個互動(0.5小時)：帶動課程基本氛圍，提起學員注意力

- 三個小演練(1.5小時)：要完成大演練之前的基本知識準備

- 一個大演練(1.5)小時：現場實際演練上台，現場驗收

一位講師就只剩下 3.5 個小時的時間可以講課了，這時候你會發現課程的規劃突然簡單了，以前你要想七個小時的課程，現在直接好好思考如何教好四小時就夠了，而且當你有這些模組可以擺放時，你就會發現一門課程的架構也明確了：

（互動，調整氛圍與注意力＋小演練，階段式基礎知識）x 3 + 一場大演練，實戰演練

所以在規劃課程的時候，就是幫這架構增加授課內容就好，也就是每一個小時的授課內容中，要穿插一個互動，再以一個

小演練為結尾，再利用半小時總結上午的課程內容，就進行大演練，你就會發現在運課的過程中，對於時間的掌握進步會變得非常的迅速，而且感覺輕鬆，不會再有擔心上不完課程的心理壓力了。

三小時演講的時間規劃

那一般三小時的演講呢？演講是不是就不需要規劃那麼多了？

假如是演講的形式，我們先定義一下演講的規格：沒有分組討論桌，固定式的椅子，人數超過 50 人，這時候我們要怎麼樣規劃呢？我會簡單建議如下：

- 三個互動(0.5小時)：
  - 帶動課程基本氛圍，提起學員注意力
- 兩個小演練(1小時)：
  - 幾個關鍵概念的討論與學員口頭分享
- 作品拆解(0.5小時)：
  - 演講是教學中最低效率的方式，所以要搭配一個高效的教

學形式做結尾，而個案分析就是最好的方式，且在個案分析中依舊可以穿插學員的意見分享與表態

這時候你就會發現一場三小時的演講要有效果，其實只要準備兩個主題與關鍵概念就足夠了，教再多學生沒吸收依舊沒有意義。

所以今天不管是工作坊（一天七小時）或是演講型式，只要講師站上了講台就要以學員的學習為最終的目標，很多講師會在三小時的演講中盡量塞入大量的概念，卻沒有讓學員好好的演練與討論，這樣的規劃方向最後終究不會在企業員工心中留下專業的印象，而沒有專業的印象對於講師來說那一次的出場就是失敗的。

NOTE

【作業：請設定你自己的大小演練的流程，並根據流程預估所需的時間】

【作業：畫出你的課程演練安排順序與時間】

後記：我會如何規劃未來的講師職涯？

　　身為一個講師，我在追求的是一個什麼樣的營收規模？還是在追求一個什麼樣的生活型態？其實身為一個個體戶，最關鍵的一個提問應該是：「你對自己最美好的生活形式，有沒有一個想像呢？」我有，我最美好生活的想像就是：

　　「在沒有經濟壓力之下，盡情地看我喜歡看的書、聽我喜歡聽的演講，然後把值得分享出去的商業知識分享給周遭的人。」

知識型自顧者的目標規劃

　　在講師的這條路上我覺得自己已經很幸運了，因為早期我就是喜歡看新創事業經營、企業經營、商業模式、商業策略、社群行銷與產品設計這方面的內容，對我來說這些資訊的閱讀就是我的生活，就是我的興趣。所以我也常說，今天可以用自己的興趣來養活自己，老天真的是對我太好了，只是回歸商業，

我就一定會有要對企業端負責的部分，所以我的閱讀與學習已經往更專業或是某一家常合作的企業需求走去，我知道這是商業責任，但也因為如此，我的閱讀清單或是我的成長計劃，還是受到了企業需求的影響。

那我還在追求什麼？我覺得網路上的一句經典名言我很喜歡，也很適合代表我之後的追求：「努力敵不過天才，天才敵不過迷戀。」我想要讓我的生活可以走到迷戀，真的，我心醉於商業策略與商業個案中的巧思、智慧與格局。

我還想多和這些聰明絕頂的大腦交流，我還想要將這些知識散布出去給台灣的年輕人，這是職業講師的天性，也是我的迷戀，我想要全心的沉浸在這樣的世界中，因為我知道那時候的我才是最棒的狀態。

所以我想要買回我的時間，利用不同商業模式的優點與特色，加速買回自己時間的進程，然後可以在對家庭經濟負責了之後，不計較毛利的分享我的閱讀與洞察。

今年（2021 年）的我是 42 歲，我預計在三年之後（45 歲）達成經濟自由的階段，不會再去要求自己一年的營收目標高低多寡，然後在過程中逐步實踐我所迷戀的生活。

實現目標的商業策略組合

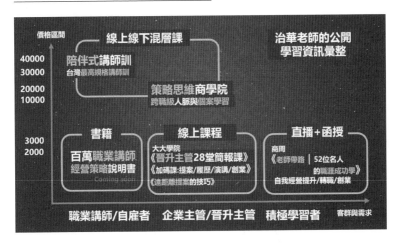

所以假如我要走到 45 歲那樣的狀態，那我要做什麼樣的規劃呢？其實主要營收就會來至於《陪伴式講師訓》與《策略思維商學院》這兩個主要的公開班服務，加上與大大學院合作的《晉升主管 28 堂必修簡報課》的線上課程，就會是我主要的營收來源，或是優質的營收來源。

我們可以從圖中看到其實除了《陪伴式講師訓》與《策略思維商學院》兩個公開班之外，我還有下方的書籍、線上課程與和商周合作的《商周陪你讀》系列，下方這三項服務其實就是我的引流策略，因為他們的定價都在三千元以下，所以這算是我的產品線中較為低價的產品，他們主要負責是讓新接觸到

我的學員可以有一些比較便宜的選擇，或是較低的決策成本，來接觸我的服務，所以主要是以創造最大曝光為主，而非營收做為主要的考量。

線上課程的被動收入規劃

引流商品《晉升主管 28 堂必修簡報課》是和大大學院的合作案。

財務規畫：

本來就可以帶來不錯的被動收入，我們扣除掉第一年的高峰期，以目前的穩定被動收入來看，保守估計一年都可以幫我帶來 20 萬元的獲利，以目前 3600 份來看，我預計每年以 400 份的銷售額來看就可以初估這部分的獲利，我預計是可以成長到 5000 份，也就是這樣的獲利還可以維持三到四年。

此外，線上課程已經是我未來投資的重要項目，我也是預計每半年會推出一個新的線上課程，像是 2021 年年底我也已經規劃好了一門新的線上課程，因此明年的被動收入就會往 40 萬每年的方式進行，每半年增加 20 萬的速度提升。在我的規劃中

我應該可以上六門線上課程，也就是達到每年被動收入可以到
120 萬的情況，預計會在 2025 年的時候完成。

策略面：

這些被動收入的線上課程，其實也是都維持在低價的引流
商品，可以讓我日後觸及到的學員數量有更多元的領域與產業，
將是 New User 的重要來源之一，事業持續成長的基本動能，而
且在經由一些交叉銷售的方式，應該也可以帶來不錯的綜效。

帶來新客戶的引流商品

《百萬職業講師的商業策略》是我和城邦合作的書，主要
TA 是聚焦在想要進入講師圈或是進入講師圈年收還不到一百萬
的講師。

策略面：

書在這個時代有兩個價值，一個是書可以打到另一群重要
的潛在客戶，這群客戶是平常比較沒有在接觸社群的族群，通

常都會有一定的影響力。

而很多朋友也一定會問為什麼我的第一本書就是《百萬職業講師的商業策略》，而非商業簡報相關的書籍？我想這會回歸到另一個關鍵：這個時代書不會賺錢，但是你要把書當成通路來看，而通路的後方就是要有商品，這樣才可以把書的價值做到最大化！所以在書的部分我不做財務規劃，它的策略意義就是利用書商的既有通路做到最大曝光量，而獲利點不會在書上。

《商周陪你讀》系列也是引流商品，但就是另一個平台上的曝光，依舊策略面大於獲利，這是因為這產品變成了另一個以一年期強迫自己閱讀與成長的商品，同時也將自己在職場中過往所有的經驗化零為整的一個準備期，所以很有可能這部分的內容也將會變成我的下一本書的基礎。

當然這也是我在鍛鍊銷售知識型商品的一個關鍵，截至目前這本書出刊時，我都會和商周的團隊一起去「雕琢一個可以利用廣告投放擴大銷量」的網路行銷素材要有什麼樣的細緻度，我相信也是因為遇到目前的商周團隊，他們也非常願意一起和我嘗試數位行銷的文案，從產品規格的制定、定位差異化的釐清、銷售面的文案雕琢，到與會員建立關係的每個月直播，都是一個完整的經驗累積。

所以我的策略其實很簡單，利用低價的知識型商品協助自己建立新客戶與醞釀自己的書籍，帶動線上課程與高單價服務（一年期）的商品銷售。

一位講師做未來營收規劃的目的

其實我們只要簡單計算一下《陪伴式講師訓》的獲利就可以知道書在通路上的意義：

在 2022 年時我預計招收 60 位年輕講師，每一位講師收四萬元（當然會有一些折扣做行銷），而我是利用一本書的曝光量去達成這 60 位講師的轉換，以一般中等銷量的書籍來看兩到三千本是有機會的，那基本上轉 60 位講師也就是 2% 的轉換率。

這樣的轉換率也許已經算高了，所以還要搭配上我自己的行銷額度大約 20 位講師，那你就會發現也許這 60 位的講師是可能達到的份額。

《陪伴式講師訓》的獲利預估是這樣的：

2000 本書 x 2% 的轉換率 = 40 位職業講師報名

40 位職業講師 + 20 位自行招生的講師 = 60 位講師

60 位職業講師 x 35,000 元售價（定價四萬五）= 2,100,000 元

以達成率 7 成來看的話 應該有機會創造 1,470,000 元

而《策略思維商學院》的財務預估則是這樣的：

100 位學員 x 25,000 元售價（定價三萬）= 2,500,000 元

以達成率 7 成來看的話 應該有機會創造 1,750,000 元

是的，我在 2021 年 8 月的時候就已經在算 2022 年的年度獲利了！

以達成率 7 成的角度來預估，我 2022 年的營收就有 300 萬的基礎了，我知道這數字不高，但是我想要追求的不是營業額的最大化，而是逼近我理想生活的階段性提升，在台灣的各地美景中帶著家人，盡情地看我喜歡看的書、聽我喜歡聽的演講，然後把值得分享出去的知識用我最擅長的方式分享出去。

一年獲利300萬但是一年工作的天數不超過100天，這是我想要的成功的模式。

這樣一來，我就有兩百天的時間可以用自己最喜歡的方式生活，研發我自己的線上課程，提升我對於商業策略的探索時

間，陪伴著我的家人，然後可以有著明亮的心情欣賞著路上行道樹在陽光中反射著翠綠的美，你知道嗎？我大學時的學妹曾經說過一句經典名言：「人忙忙碌碌久了，自然就變得庸庸碌碌。」反之，一個人的可能性與未來性也就只取決於兩點：「你可以運用的時間，與你對自我的認知。」

所以無論你未來會不會真的走上職業講師這一條路，我都希望你可以知道未來是可以規劃的，即便是只有七成的達成率，夢，依舊很美。

我只是希望大家還可以保有自己對於未來的理想性。思維決定了所有的結果，結果累積成了未來，就算所有目標都不會如期達成，但是你總是往著目標逼近，你的人生就是清晰地往更幸福的方向走去。

人生是因為認知改變了，才有改變人生的機會，希望我這一本嘮嘮叨叨的書，可以給你一些經驗的分享與視野的啟發。

【View職場力】2AB960

百萬職業講師的商業策略：
知識變現必備的獲利模式與教學技巧

作　　者／孫治華
責任編輯／黃鐘毅
版面構成／劉依婷
封面設計／陳文德
行銷企劃／辛政遠、楊惠潔

總 編 輯／姚蜀芸
副 社 長／黃錫鉉
總 經 理／吳濱伶
發 行 人／何飛鵬
出　　版／電腦人文化
發　　行／城邦文化事業股份有限公司
　　　　　歡迎光臨城邦讀書花園
　　　　　網址：www.cite.com.tw
香港發行所／城邦（香港）出版集團有限公司
　　　　　香港灣仔駱克道193號東超商業中心1樓
　　　　　電話：(852) 25086231
　　　　　傳真：(852) 25789337
　　　　　E-mail：hkcite@biznetvigator.com
馬新發行所／城邦（馬新）出版集團
　　　　　【Cite(M)Sdn Bhd】
　　　　　41,jalan Radin Anum,
　　　　　Bandar Baru Sri Petaling,
　　　　　57000 Kuala Lumpur,Malaysia.
　　　　　電話：(603) 90563833
　　　　　傳真：(603) 90562833
　　　　　E-mail:cite@cite.com.my

印　　刷／凱林彩印股份有限公司
2021 (民110) 年11月　初版一刷　　Printed in Taiwan.
定價／460元

●如何與我們聯絡：

1.若您需要劃撥購書，請利用以下郵撥帳號：
郵撥帳號：19863813　戶名：書虫股份有限公司

2.若書籍外觀有破損、缺頁、裝釘錯誤等不完整現象，想要換書、退書，或您有大量購書的需求服務，都請與客服中心聯繫。

客戶服務中心
地址：10483 台北市中山區民生東路二段141號B1
服務電話：(02) 2500-7718、(02) 2500-7719
服務時間：週一 ～ 週五9：30～18：00
24小時傳真專線：(02) 2500-1990～3
E-mail：service@readingclub.com.tw

※詢問書籍問題前，請註明您所購買的書名及書號，以及在哪一頁有問題，以便我們能加快處理速度為您服務。

※我們的回答範圍，恕僅限書籍本身問題及內容撰寫不清楚的地方，關於軟體、硬體本身的問題及衍生的操作狀況，請向原廠商洽詢處理。

※廠商合作、作者投稿、讀者意見回饋，請至：
FB粉絲團：http://www.facebook.com/InnoFair
Email信箱：ifbook@hmg.com.tw

國家圖書館出版品預行編目資料

百萬職業講師的商業策略：知識變現必備的獲利
模式與教學技巧
/ 孫治華 著.
--初版--臺北市；創意市集出版
；城邦文化發行，民110.11
　面；　公分
ISBN 978-986-0769-50-0 (平裝)
1.職場成功法 2.演說
494.35　　　　　　　　　　　　110016513